【现代种植业实用技术系列】

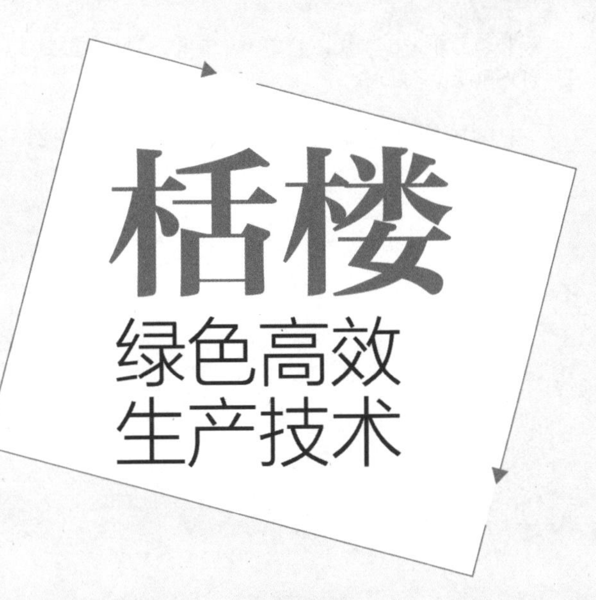

栝楼绿色高效生产技术

主　　编　董　玲
副主编　李卫文　崔广胜
编写人员　赵　伟　储转南　彭星星　熊　瑞
韩　飘　刘　培　梁　华　程有余
杜　冰　黎　攀　刘　伟　王丽伟

时代出版传媒股份有限公司
安徽科学技术出版社

图书在版编目(CIP)数据

栝楼绿色高效生产技术 / 董玲主编. --合肥:安徽科学技术出版社,2024.1

助力乡村振兴出版计划. 现代种植业实用技术系列

ISBN 978-7-5337-8838-4

Ⅰ. ①栝… Ⅱ. ①董… Ⅲ. ①栝楼-栽培技术 Ⅳ. ①S567

中国国家版本馆 CIP 数据核字(2023)第 215351 号

栝楼绿色高效生产技术　　主编　董　玲

出 版 人:王筱文　　选题策划:丁凌云　蒋贤骏　王筱文

责任编辑:陈会兰　李志成　　责任校对:李　春　　责任印制:梁东兵

装帧设计:王　艳

出版发行:安徽科学技术出版社　http://www.ahstp.net

(合肥市政务文化新区翡翠路 1118 号出版传媒广场,邮编:230071)

电话:(0551)63533330

印　　制:安徽联众印刷有限公司　电话:(0551)65661327

(如发现印装质量问题,影响阅读,请与印刷厂商联系调换)

开本:720×1010　1/16　　印张:6.5　　字数:78 千

版次:2024 年 1 月第 1 版　　印次:2024 年 1 月第 1 次印刷

ISBN 978-7-5337-8838-4　　定价:30.00 元

出版说明

“助力乡村振兴出版计划”(以下简称“本计划”)以习近平新时代中国特色社会主义思想为指导，是在全国脱贫攻坚目标任务完成并向全面推进乡村振兴转进的重要历史时刻，由中共安徽省委宣传部主持实施的一项重点出版项目。

本计划以服务乡村振兴事业为出版定位，围绕乡村产业振兴、人才振兴、文化振兴、生态振兴和组织振兴展开，由《现代种植业实用技术》《现代养殖业实用技术》《新型农民职业技能提升》《现代农业科技与管理》《现代乡村社会治理》五个子系列组成，主要内容涵盖特色养殖业和疾病防控技术、特色种植业及病虫害绿色防控技术、集体经济发展、休闲农业和乡村旅游融合发展、新型农业经营主体培育、农村环境生态化治理、农村基层党建等。选题组织力求满足乡村振兴实务需求，编写内容努力做到通俗易懂。

本计划的呈现形式是以图书为主的融媒体出版物。图书的主要读者对象是新型农民、县乡村基层干部、“三农”工作者。为扩大传播面、提高传播效率，与图书出版同步，配套制作了部分精品音视频，在每册图书封底放置二维码，供扫码使用，以适应广大农民朋友的移动阅读需求。

本计划的编写和出版，代表了当前农业科研成果转化和普及的新进展，凝聚了乡村社会治理研究者和实务者的集体智慧，在此谨向有关单位和个人致以衷心的感谢！

虽然我们始终秉持高水平策划、高质量编写的精品出版理念，但因水平所限仍会有诸多不足和错漏之处，敬请广大读者提出宝贵意见和建议，以便修订再版时改正。

本册编写说明

栝楼,又称瓜蒌,以其食用与药用价值深受老百姓的喜爱。栝楼始载于《神农本草经》,列为中品,称为“栝楼”“地楼”,有“主消渴、身热、烦满、大热,补虚安中,续绝伤”的功效。《中华人民共和国药典》(以下简称《中国药典》)2020年版载入2个种,即葫芦科植物栝楼和双边栝楼,主清热涤痰、宽胸散结、润燥滑肠之功效。

栝楼全身是宝,根、果实、果皮和种子均为传统中药,入药名称分别为天花粉、全瓜蒌、瓜蒌皮和瓜蒌子。近些年来,瓜蒌子,以其圆润饱满的外形、清香酥脆的口感及润肺、润肠、化痰的保健功效,成为广受大众青睐的一种新兴休闲食品。

栝楼产业的经济效益和社会效益显著,随着产业化规模不断壮大,在农业产业结构调整、脱贫攻坚以及当前的乡村振兴战略中发挥着不可替代的作用,很多县区、乡镇及村都把栝楼作为发展“一县一品”“一镇一品”的主要品种,以此来推动当地农业特色产业的发展。

本书介绍了栝楼主要栽培品种及配套栽培技术、主要病虫害及其绿色防治、栝楼产业化发展及其在乡村振兴战略中的作用等,既有代代相传的经验知识,又有新近的科研成果,既有实用的栝楼栽培技术,又有对栝楼产业发展的思考,具有较好的知识性和应用指导价值。

目 录

第一章 认识栝楼

第一节 栝楼资源与分布

栝楼为葫芦科栝楼属植物。全球栝楼属植物有 80 余种,主要分布在东南亚与大洋洲北部(图 1–1)。我国栝楼属植物有 40 余种,分布于全国各地,其中,华南和西南地区最多。该属有 14 种具有药用价值,《中国药典》收录了其中 2 种,即栝楼和双边栝楼,其种子、果皮、果实及根均可药用,入药名称分别为瓜蒌子、瓜蒌皮、全瓜蒌及天花粉。栝楼和双边栝楼均为药材的来源植物,其中栝楼因分布广、资源丰富、品质优良,是目前生产和应用的主要种质来源。

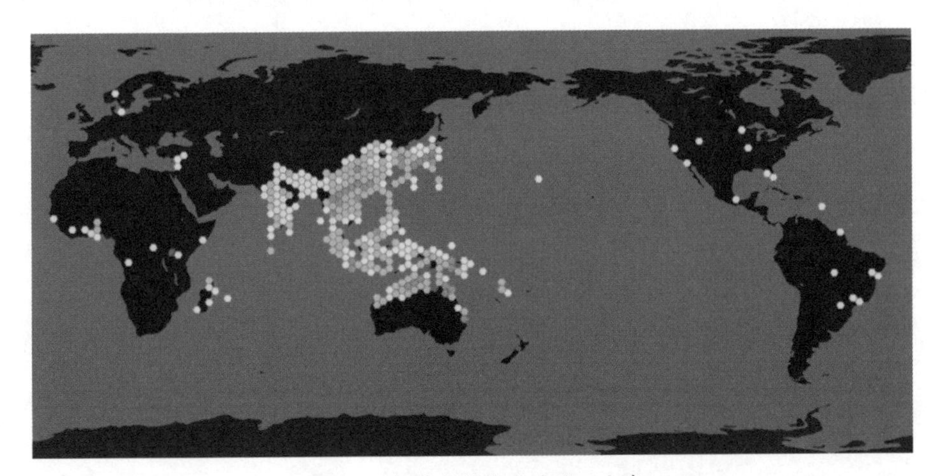

图 1–1 栝楼属植物全球地理分布

栝楼为多年生草质藤本植物，自然生长于海拔200~1 800米的山坡林下、灌丛中、草地和村旁田边。目前，栝楼在全国大部分区域均有人工栽培，主产区为安徽、江苏、河北、湖南、江西、浙江、湖北、山东、四川等地。

第二节　栝楼的传说及名称

一　栝楼的传说

传说，古时候江南有座高山，名曰“姑婆山”，山上有许多洞，洞被密林遮掩，云雾缭绕，洞内有神仙居住。当地有个樵夫，家境贫寒，以砍柴为生。一天中午，他进山砍完柴，又累又渴，便循着泉水的声音走到一个山洞口，喝足了水，躺在树荫下的一块石板上歇息。迷迷糊糊中，他听到有人说话，一睁眼，竟然看见两位老者在聊天。黑胡子老者说：“今年咱的洞里结了好大一对金瓜。”白胡子老者摆摆手：“嘘，小声点，那边躺着个砍柴的，当心把咱的宝贝金瓜偷走。”黑胡子老者不以为然：“怕什么，他进不了洞。只有七月初七午时，口念‘天门开地门开，摘金瓜的主人要进来’才行。”白胡子老者生气了：“别说了，咱们下棋。”听到这里，樵夫滚下了石板，蓦地醒了，原来是一场梦。哪有什么老者？他沮丧地挑起柴担回家了。

后来，他越想越觉得神奇：“我莫非遇到了神仙，那山洞真藏着宝贝？”他决定试试。七月初七这天午时，他到了山洞，口念着咒语，门果然嘎的一声打开了。樵夫走进去，只见里面真的长着一架碧绿的青藤，上面结有一对金瓜。他高兴地摘下金瓜，一口气跑回家。到家一看，他愣了，这哪是金瓜呀，分明是2个普通的小圆瓜。他失望地把瓜扔到了一边。

过了些时日，樵夫又上山砍柴，不由自主地又来到那个山洞外，躺在石板上歇息。刚闭上眼，又听见了原来那两个老者的谈话声。白胡子老者埋怨道:“都怪你多嘴,咱的金瓜被偷走了。”黑胡子老者说:“怕什么,又不是金子。”白胡子老者说:“可那是名贵的药材呀,比金子还贵重。非得心地善良的人才会用,要把瓜的皮色晒红才会有润肺清热的作用呢。”樵夫醒来,边回家边想,这莫非又是神仙托梦,要我种药材给人治病?到家后,他找到了已经烂了的那2个瓜,取出瓜子,来年春天种在了院子里。到秋天,果然结了很多瓜。他摘下瓜晒干,给咳嗽痰喘的患者吃,一个个都见效。之后,他每年栽种,送给病家,且分文不取。人们尊敬他,让他给这瓜取个名字,他想了想说,就叫它“瓜蒌”吧。

二 名称

栝楼自古名称众多。《诗经》载为“果裸”,《尔雅》云“天瓜”,《广雅》曰“王白”,《神农本草经》载为“栝楼,一名地楼”,《吴普本草》云“泽巨、泽冶”,《名医别录》曰“泽姑、黄瓜”,《针灸甲乙经》始载为“瓜蒌”,《本草纲目》载为“栝楼、果赢、瓜蒌”。据考证,栝楼即“果裸”二字音转而来,最后“愈转失其真”,变成了今人处方中常写的“瓜蒌”了。

近代栝楼的名称更加丰富。《常用中药名与别名手册》第二册记载:瓜楼、仁瓜蒌(山东),商品名为瓜蒌、栝蒌、全瓜蒌、全栝楼;《湖南药物志》第二辑记载:栝楼又称冬股子、野西瓜、天瓜、地楼;《中国植物志》记载:栝楼别名有瓜蒌、瓜楼、药瓜。基于此,对于栝楼的称呼,由于历代名称众多,加之植物名和药材名不同,《中国植物志》统一规定为:“栝楼”指植物名,“瓜蒌”指其药用名称,栝楼的种子除了药用,还可食用,食用也统一用“瓜蒌”名称。

第三节　栝楼的形态特征与生长发育

一 栝楼的形态特征

1.根

栝楼的根(图 1–2)呈圆柱状,粗大,富含淀粉。根皮淡黄褐色,断面白色或淡黄色。

图 1–2　栝楼的根

2.茎

栝楼的茎为草质,主茎粗 0.5~1 厘米,如葡萄藤、南瓜藤般攀爬于棚架,可绵延数米。茎多分枝,具纵棱及槽,被白色伸展柔毛。

3.叶

栝楼的叶(图 1–3)为纸质,轮廓近圆形,长、宽均在 5~20 厘米。3~7 浅裂至深裂,裂片呈菱状倒卵形或长圆形。叶先端钝或急尖,边缘常再浅裂。叶基部心形,弯缺深 2~4 厘米。叶粗糙,上表面深绿色,背面淡绿色,两面沿脉被长柔毛状硬毛,基出掌状脉 5 条,细脉网状。叶柄长 2~6 厘米。卷须3~7 歧。

图 1-3　栝楼的叶

4.花

(1)雄花(图 1-4)。总状花序单生,或与一单花并生,或在枝条上部单生。花序长 10~20 厘米,有花 5~8 朵;单花花梗长 10~15 厘米。小苞片呈倒卵形或阔卵形,长 1.5~2.5 厘米,宽 1~2 厘米,中上部具粗齿。花萼筒呈管状,长 2~4 厘米,顶端扩大,直径约 10 毫米,裂片呈披针形,长 10~15 毫米,宽 3~5 毫米,全缘。花冠白色,裂片呈倒卵形,见丝状流苏,流苏长约 2 厘米。

(2)雌花(图 1-5)。单生或少有总状花序,花梗长约 7.5 厘米,被短柔毛。花萼筒呈圆筒形,长约 2.5 厘米,直径约 1.2 厘米。裂片和花冠同雄花。栝楼主要是单性花,但是在大面积种植的田间,也可观察到少数的两性花(图 1-6)。

图 1-4　雄花

图 1-5　雌花

图 1–6　两性花

5.果实

栝楼的果实(图 1–7、图 1–8)呈椭圆形或圆形,长 7~15 厘米,直径 6~10 厘米,未成熟时表面呈青绿色或深绿色,成熟后表面黄色或橙黄色,皱缩或较光滑，顶端有圆形的花柱残基。果瓤橙黄色。果梗长 4~11 厘米。

图 1–7　未成熟果实

图 1–8　成熟果实

6.种子

栝楼的种子(图 1–9),扁平椭圆形,长 12~15 毫米,宽 6~10 毫米,厚约 3.5 毫米,表面浅棕色至棕褐色,平滑,近边缘处有一条明显的棱线。顶端较尖,有种脐,基部钝圆或较狭。种皮坚硬,内种皮膜质,灰绿色,子叶2 片,黄白色,富油性。气微,味淡。

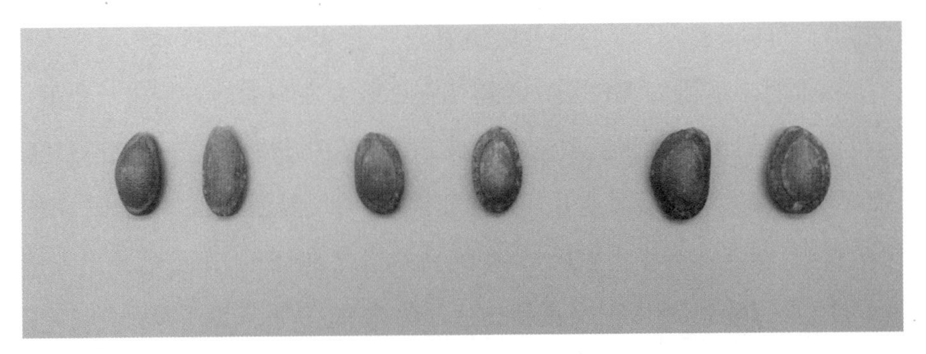

图 1-9　栝楼种子(瓜蒌子)

二　栝楼的生长期

栝楼为多年生草质藤本,安徽及周边区域一年生植株 4 月下旬开始出苗,多年生植株 3 月上旬开始出苗,刚出土时叶片淡绿色,几乎不分裂。6—8 月份是快速生蔓期,主蔓可长达 10 米,匍匐在地面或攀缘生长。栝楼自 6 月上旬至 10 月连续开花坐果,集中花果期为 6 月上旬至 9 月上旬, 雌花单花从现蕾至开花需 7~8 天, 雄花从现蕾到开花需 6~7 天,其中,雄花开放约 1 天枯萎,多在夜间开花。成熟期在 10 月上旬至 11 月下旬,整个生育期为 200 天左右。

三　栝楼的生长习性

栝楼具有喜光、耐阴的特性,野生栝楼在半遮阳的大树空隙中也能生长良好,但若光照不足 2 小时,挂果极少。当光照为 6 小时左右时,栝楼植株便可正常生长,但果实成熟期略延长,果皮呈青黄色,糖化程度低。充足的阳光可促进栝楼果实籽粒饱满,盛花期如遇连阴雨天气光照不足时,将会大幅度减产。

栝楼最适于种植在土质疏松、透水通气良好的沙质壤土,土层深度要求在 50 厘米以上,忌黏性较大的土壤。栝楼喜湿怕涝,适宜采用地膜覆盖结合肥水一体化滴灌栽培。出苗前后保持土壤潮湿,雨季要及时清沟排水，严防积水。干旱时要及时浇灌。

栝楼对温度适应性较强，无霜期在200天左右的地方均生长良好。当早春气温升到10 ℃时，多年生植株开始萌芽生长；气温升到25~35 ℃时，栝楼进入生长旺盛时期并开始开花挂果；当气温超过38 ℃时，开花挂果数锐减，藤蔓基本停止生长。如持续高温超过40 ℃时，部分叶子出现枯焦；当气温回落到25 ℃时又重新抽茎开花挂果。9月气温下降到约20 ℃时，开花挂果基本结束，仅少量雄花开放。

通风透光状况是影响栝楼坐果的重要因素，茎叶的过密会出现只开花不结果的现象。人工栽培时，通过适宜的种植密度、搭设棚架、科学施肥并结合修剪等措施，保持通风透光，可获得较高的产量。

第二章　栝楼品种

《中国药典》(2020年版)收录的与栝楼相关的药材分别为瓜蒌、瓜蒌子、炒制瓜蒌子、瓜蒌皮及天花粉。基于栝楼药用部位的多元化,育种人员开展了专用型品种选育,在符合《中国药典》规定的前提下,针对不同的收获部位其育种目标各异。

“籽用”栝楼品种,主要考察果实的成熟期、出籽率、籽粒大小、外观、种子饱满度、口感、种壳厚度以及药用品质等指标,以瓜子产量高、品相佳、口感好的特性特征为主;“全果类”栝楼品种,主要以果型中等偏小、果实产量高的品种为主;“根用”栝楼品种,主要是以雄性品种为主,也可以是果根兼用的雌性品种,要求根部产量高或根、果产量均较高。

第一节　主栽品种和优良地方特色品种

一　皖蒌9号

审定编号为皖品鉴登字第1406005,母本为“皖蒌6号”,父本为1号雄株。以一级分枝和主茎坐果为主,二级分枝坐果较少,瓜蔓可连续坐果7~10个;果实长圆形,成熟后果皮呈橙黄色;一年生植株平均单果重为405克,二年生植株平均单果重为520克;果柄呈近圆柱形,平均长约6.78厘米,直径约0.83厘米;果瓤橙黄色,种子呈扁平长圆形,籽粒平均长、宽、厚分别为 1.76 厘米、0.96 厘米、0.39 厘米。成熟后籽粒外壳为棕色，有光泽，出籽率为 10.84%，平均千粒重约为 295.8 克，籽粒饱满，二年生植株平均亩产干籽 192 千克（图 2–1）。一年生块根重 5.0 千克左右，二年生块根重 15 千克左右。晚熟，生育期为 225 天左右，10 月下旬至 11 月初陆续采收。中抗根结线虫病，是目前生产上的主栽籽用型栝楼品种，全国种植面积最大。

“皖蒌 9 号”瓜子易磕食，口感绵香。价格方面，2019—2023 年，“皖蒌 9 号”原料收购价格稳定在 40~50 元/千克，较其他主栽品种高 6~10 元/千克；但成熟期迟，北方地区不适宜种植。

图 2–1 “皖蒌 9 号”田间表现、叶片及种子

二 皖蒌17号

审定编号为皖品鉴登字第 1606009，母本为“皖蒌 6 号”，父本为 2 号

雄株。果实呈近圆形，中等偏小，坐果多，坐果早，浅绿色，成熟后呈橙黄色。果实平均纵、横径分别为10.06厘米、9.84厘米，一年生植株平均单果重约为389.8克，二年生植株平均单果重约为399.7克，存在一柄多果现象。果瓤橙黄色，种子呈扁平长椭圆形，饱满，籽粒平均长、宽、厚分别为1.83厘米、1.05厘米、0.37厘米，成熟后为深棕色，有光泽（图2–2）。出籽率为12.88%，平均千粒重约为333克，二年生植株平均亩产干籽约229千克。一年生块根重8.7千克左右，二年生块根重16.5千克左右。晚熟，生育期为220天左右，11月中旬开始陆续采收果实。高抗炭疽病、流胶病，是目前栝楼品种中真菌性病害抗性最强和产量最高的品种，籽用和全果兼用型品种。

图2–2 “皖蒌17号”的田间表现和种子性状

三 皖蒌20号

审定编号为皖品鉴登字第1706012,母本为“皖蒌6号”,父本为2号雄株。果实纺锤形、中等大小,未成熟时果皮绿色,成熟期果皮黄色,果皮有9条深纵沟,果瓤黄色,一年生植株平均单果重约为582.9克,二年生植株平均单果重约为591.2克。种子呈长卵形,中等大小,浅棕色,饱满,边缘棱线明显,棱线距边缘距离适中,平均千粒重为363.4克,出籽率为11.35%,二年生平均亩产干籽约201千克(图2–3)。根系发达,一年生块根重1.5~2.5千克,二年生块根重4~5千克。中熟,生育期为210天左右,11月下旬开始采收果实。高抗炭疽病和流胶病。

图2–3 “皖蒌20号”田间表现和种子性状

四 皖蒌4号

审定编号为皖品鉴登字第0706001。早熟，多果，平均千粒重约为205.7克，出籽率为11.02%，二年生植株平均亩产干籽80千克左右，高产田亩产可达150千克(图2-4)。块根高产，抗病性强，中抗细菌性角斑病，抗蔓枯病，高抗根结线虫病。

该品种是从野生种中系统选育的品种，也是目前食用籽品种的主要亲本来源。

图2-4 “皖蒌4号”田间表现

五 皖蒌5号

审定编号为皖品鉴登字第0706002。早熟，生育期约190天，果实呈近圆形，果脐平整，平均纵、横径分别为8.52厘米、8.55厘米。一年生植株平均单果重约为258.2克，多年生平均单果重约为272.3克；植株连续坐果能力强，瓜蔓可以连续坐果。高肥水条件下，出现一柄多果现象(栝楼雌性花为总状花序)，最多时出现1柄5果(图2-5)。种子较扁平光滑，中部略隆起，籽粒较大，籽粒平均长、宽、厚分别为1.48厘米、0.90厘米、0.34

厘米,成熟后籽粒外壳为棕色,有光泽,出籽率为11.09%,平均千粒重约为210.6克。一年生植株平均亩产干籽约52.5千克,二年生植株可亩产干籽100千克以上。10月上旬采收。中抗细菌性角斑病和蔓枯病。

该品种是从野生种中系统选育的品种,也是目前食用籽品种的主要母本来源。

图2-5 “皖蒌5号”田间表现

六 皖蒌7号

审定编号为皖品鉴登字第1306009,母本为“皖蒌6号”,父本为2号雄株。可连续坐果10~15个,果实近圆形,表面有9道纵沟,生长后期果皮呈墨绿色,有浅绿色斑点状花纹均匀分布,成熟后果皮呈橙黄色(图2-6)。果实平均纵、横径分别为9.78厘米、10.03厘米,一年生植株平均单果重约为388.4克,二年生植株平均单果重约为427.1克。果瓤橙黄色,种子呈扁平长圆形,籽粒平均长、宽、厚分别为1.73厘米、0.92厘米、0.39厘米,成熟后籽粒外壳为棕色,有光泽,出籽率为11.47%,平均千粒重约为282.8克。一年生块根重4.0千克左右,二年生块根重8.0千克左右。中熟,生育期为210天左右,10月底至11月初陆续采收;抗根结线虫病。

图 2-6 “皖蒌 7 号”田间表现

七 皖蒌8号

审定编号为皖品鉴登字第 1306010，母本为皖蒌 4 号，父本为 1 号雄株。早熟，生长期约为 205 天。多果，可连续坐果 20~33 个。果实呈圆形，生长后期果皮呈绿色，有浅绿色斑点状花纹均匀分布，成熟后果皮呈橙黄色（图 2-7）。果实平均纵、横径长分别为 8.17 厘米、8.19 厘米，一年生和二年生植株平均单果重分别约为 271.0 克和 298.0 克。种子呈扁平椭

图 2-7 “皖蒌 8 号”田间表现

圆形，种皮棕色，平均千粒重约为275.7克，出籽率为10.81%。一年生和二年生块根重分别为8.0千克和16.0千克；折合二年生植株亩产成熟鲜果约1 794.8千克，亩产干籽约193.81千克。高抗根结线虫病、病毒病。

八 皖蒌15号

审定编号为皖品鉴登字第1606005，母本为"皖蒌7号"，父本为1号雄株。以主茎和一级分枝坐果为主，坐果节位低，连续结果能力强，平均单株坐果15个左右。幼果呈墨绿色，成熟时变为深褐色，老熟果则为金黄色(图2-8)。最大单果重可达1千克，平均单果重约为0.65千克。成熟青瓜出籽率为9.8%，成熟栝楼种子外观红亮有光泽，粒形饱满，口感佳，油脂含量高。千粒重约为290克，平均亩产栝楼干籽约143.5千克。一年生块根重2.6千克左右，二年生块根重4.8千克左右。生育期为218天左右，10月下旬陆续采收。该品种田间表现抗炭疽病、根结线虫病，抗病抗逆性强，至霜冻前始终保持青枝绿叶。

图2-8 "皖蒌15号"果实

九 皖蒌16号

审定编号为皖品鉴登字第1606088，母本为“皖蒌6号”，父本为1号雄株。生长期为225天左右，果形为椭圆形，种子呈扁平长椭圆形（图2-9）。一年生植株平均单果重和二年植株生平均单果重分别约为399.2克和469.2克，平均千粒重约为379.0克，出籽率约为10.60%。一年生块根重和二年生植株块根重分别约为5.5千克和14.9千克，二年生亩产成熟鲜果约1 832.66千克，干籽亩产约186.20千克。抗流胶病与炭疽病。

图2-9 “皖蒌16号”坐果特性

十 皖蒌19号

审定编号为皖品鉴登字第1706011，母本为“皖蒌6号”，父本为1号雄株。叶片掌状，三出浅裂，中等大小，绿色。第一雌花节位点中高。果实呈近圆形，中等偏大，未成熟时果皮绿色，成熟期果皮黄色，果皮有10条浅纵沟，果瓤橙黄色（图2-10）。一年生植株平均单果重约为428.8克，二年生植株平均单果重约为539.0克；种子呈阔卵形，中等大小，浅棕色，中等饱满，边缘棱线明显，棱线与边缘距离小，平均千粒重约为283.0克，出籽率为12.5%。根系发达，一年生块根重1.5~2.0千克，二年生块根重3.0~

图 2–10 “皖蒌 19 号”果实

4.0 千克。中晚熟，生育期为 215 天左右，11 月上旬开始采收果实。高抗炭疽病和流胶病。

十一 海市瓜蒌

河北安国地区的农家种，为目前药用全瓜蒌果用主要品种之一（图 2–11）。果实圆球形，果径长、宽近乎等长，约 8.5 厘米，果柄约 4.5 厘米，未成熟时果皮深绿色，成熟期果皮黄色，果皮光滑，果瓤黄色。一年生植株平均单果重约为 261.8 克。种子呈扁长卵形，长约 1.7 厘米，宽约 1.1 厘米，厚约 0.4 厘米，浅棕色，饱满，边缘棱线明显，棱线与边缘距离适中，平

图 2–11 海市瓜蒌果实

均千粒重约为 323.7 克，出籽率为 7.56%。

十二 糖瓜蒌

山东长清、肥城一带的传统道地农家种，药用瓜蒌资源。果实呈圆形，直径为 7~11 厘米。果皮黄色或橙黄色，光滑，极少皱缩，皮薄易碎(图 2-12)。种子少，呈扁长卵形，长约 1.8 厘米。目前在济南历城、长清、章丘、平阴等地有少量栽培。

图 2-12　糖瓜蒌果实

十三 仁瓜蒌

山东传统道地农家种，药用瓜蒌和瓜蒌子的主要品种之一（图 2-13)。果实近圆形，纵径 7~10 厘米，横径 5~9 厘米，近果梗处渐尖，果顶柱基短小。果皮红棕色或橙红色，其上有明显突起的纵棱 13~21 条，果皮革质且厚。果瓤橙黄色或黄色，黏稠，与种子黏结成团。单果种子约 190 粒，呈扁平长卵形，长 12~13 毫米，宽 6~8 毫米，厚约 2 毫米，灰棕色，平滑。主产于济南市长清马山、万德，泰安市肥城河口及宁阳等地。

图 2-13　仁瓜蒌果实

第二节　根用品种

"根用"栝楼品种以雄株为主，主要收取地下部栝楼根做药用天花粉（图 2-14）。目前，种苗市场中有一些优系但尚未通过登记的品种。根系发达的雌株也是根用栝楼的主要来源之一。

图 2-14　发达的雄株根系

第三章　栝楼的繁殖方式

第一节　种子繁殖

种子繁殖具简便性、可操作性强、成本低等优势，但由于栝楼为雌雄异株植物，种子繁殖雄株占比70%以上，且后代性状分离严重，以果实种子为生产目标时存在产品商品性差、品质不稳定均一等问题，因此种子繁殖一般不作为栝楼果、栝楼种子生产需求的繁殖方式。目前，种子繁殖主要是育种者以及在河北地区做天花粉生产时采用。

一　种子的收集与保存

选择生长健壮、无病虫害的植株留种。9—10月份，果实成熟时，选取橙黄色、饱满的栝楼果实，剖成两半，挖出内瓤，漂洗出种子，晾干收贮。

二　浸种、消毒

播种前，用清水将种子清洗一遍，除去漂浮及霉烂、有病虫害的籽粒；将种子用网袋装好，在25~30 ℃温水中浸泡24小时，再用2%次氯酸钠溶液浸泡消毒20~30分钟，取出。

三 催芽

用清水将消毒液洗干净，再放入25~30 ℃环境中，每天将种子放在温水下冲洗，催芽至露白，露白后移栽至穴盘（图3-1）或定植到大田。

图3-1　栝楼种子露白及穴盘移栽

第二节　块根繁殖

块根繁殖是目前栝楼生产中常用的繁殖方式，属于无性繁殖，可以保证品种的稳定一致。但块根繁殖存在繁殖系数低、长期无性繁殖种性退化严重、土传性病害与病毒病传播等问题，造成生产后期大面积发病，出现产品品质下降、减产甚至绝收等现象。

一 块根采挖与消毒

每年2—3月份，挖取一至二年生、直径3~5厘米、性状优良、品种纯正、无病虫害、断面呈新鲜白色、无纤维的栝楼种根。挖根时，雌、雄株的根分别存放，以免混杂。将种根切成5~8厘米长的小段，置于亮盾（62.5%精甲·咯菌腈）2 000倍溶液中，浸泡8~10分钟，晾干备用（图3-2），若短期无法定植，需置于阴凉处，埋在湿沙中贮藏。

图3-2　栝楼块根切段、消毒

二 品种选择

以采收果实、种子为种植目的时，选择通过审定的优良品种或农家种；以采收天花粉为种植目的时，可全部定植雄株，也可选择根系发达的雌株品种；定植雌株品种时，按雌:雄=15:1的比例搭配雄株。

三 块根繁育

1.直接定植

3月底前完成定植。根据品种特性，按相应的种植密度在整好的畦上开穴定植，穴深8~10厘米，每穴平放一段块根，视墒情，浇水后覆土5~8厘米厚，压实(图3-3)。

图3-3　定植

2.育苗移栽

育苗在大棚内进行，育苗前将苗床用水浇湿，按照行距约20厘米、株距约5厘米有序地摆放消毒处理后的块根，并用细土或湿河沙覆盖3~5厘米厚，浇透水，保持苗床含水量85%左右（图3–3）。出苗前温度保持在白天25~30 ℃、夜间16~20 ℃，出苗后白天25~28 ℃、夜间15~18 ℃，注意控水控温，防止幼苗徒长；移栽前一个星期注意揭膜通风炼苗。也可以采用营养杯在大棚温室内育苗，此种方法管理方便、移栽时对须根损伤小，但成本偏高（图3–4）。

图3–3　苗床育苗

图3–4　营养杯育苗

第三节 组织培养繁殖

植物组织培养是指利用植物细胞的全能性，在无菌条件下，将植物的离体器官（如根尖、茎尖、幼叶、花、未成熟的果实、种子等）、组织（花药组织、形成层等）、细胞（如体细胞、生殖细胞等）等，接种于人工配制的培养基上，在人工控制的条件下进行离体培养，诱发产生愈伤组织或潜伏芽，进而获得再生完整植株的技术与方法。

植物组织培养作为无性繁殖方式，操作方便，不受生产季节的限制，具有繁殖周期短、繁殖率高、成本低且能脱除植物体内积聚的病毒、保持植物本身特性等优点，适宜栝楼苗的大规模培育。

栝楼组织培养技术流程大致如下。

一 外植体选择

选择生长健壮、无病虫害的植株作为繁殖生产用苗的母株，用母株顶芽或带侧芽的茎段作为组织培养的外植体。

二 组织培养繁育

1.外植体的消毒与预处理

取外植体置于干净的三角瓶中，放入少量洗衣粉，纱布封口，用流动水冲洗20~30分钟直至无洗衣粉和泡沫残留，倒出自来水，用无菌水再冲洗一遍。在无菌超净工作台上，用0.1%升汞消毒5~8分钟，无菌水冲洗3~4次，在体式显微镜下，剥取0.3~0.5毫米的茎尖作为外植体进行培养。采用固体培养基培养，以MS为基本培养基，附加不同种类和浓度的激素、蔗糖

30克/升，琼脂7.0克/升，pH为5.8~6.0。灭菌条件为：121 ℃，131 千帕，灭菌20分钟。培养温度调节为25℃±2℃，光/暗周期为16小时/8小时，光照强度为2 000~2 500勒克斯。

2.丛生芽的诱导培养

将消毒好的外植体接种于MS+（0.1~0.2）毫克/升6-苄氨基嘌呤（6-BA）的培养基上。每瓶接种1~2个外植体，培养30天，观察外植体诱导状态。通常表现为愈伤组织变成黄绿色，出现绿色的幼嫩芽点。将幼嫩芽点接种到MS+（0.1~0.2）毫克/升 6-BA+（0.05~0.1）毫克/升吲哚乙酸（IAA）的培养基上继续培养40天，芽点陆续形成丛生芽。

3.丛生芽的增殖培养

将诱导培养基中诱导出来、经检测无病毒的芽丛，分节接种到MS+（0.2~0.5）毫克/升 6-BA+（0.02~0.05）毫克/升吲哚丁酸（IBA）或MS+（0.2~0.5）毫克/升 6-BA+（0.05~0.1）毫克/升IAA培养基中进行增殖培养，培养21天，获得大量健壮的栝楼无根苗（图3-5）。

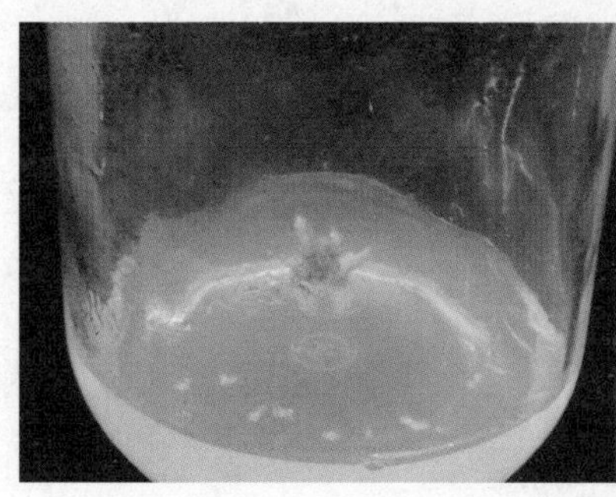

图3-5 栝楼组培繁殖外植体增殖

4.试管苗生根培养

将增殖培养的无根栝楼苗接种到MS+（0.3~0.5）毫克/升IBA生根培养基中进行诱导生根培养，7天后组培苗开始生根，继续培养10天，主根系变长，长出大量的侧根，组培苗生长健壮（图3-6）。

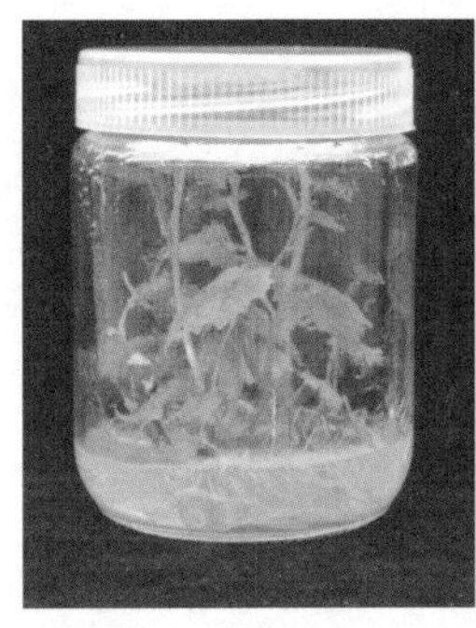
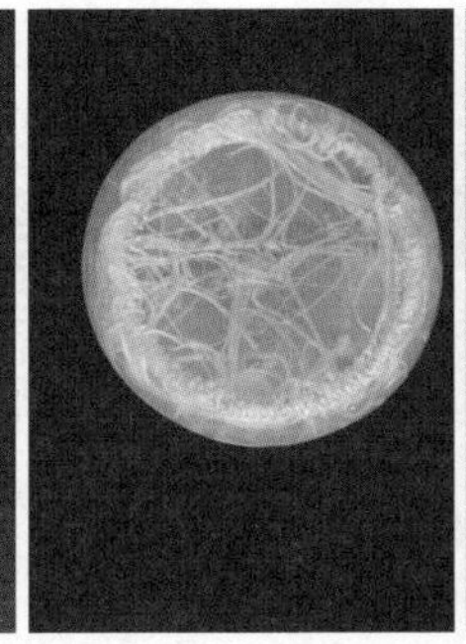
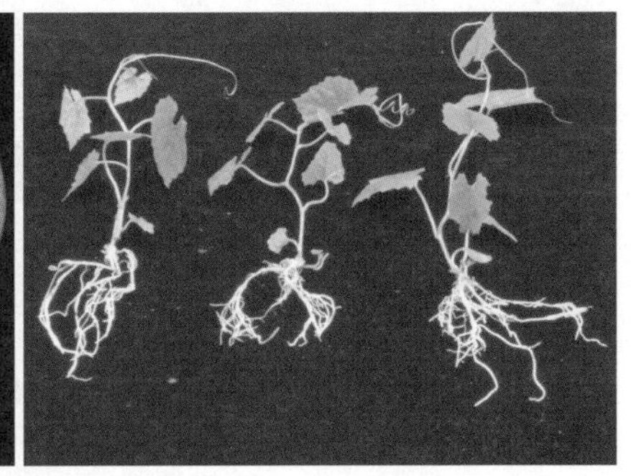

图3-6　栝楼试管苗的生根

5.炼苗移栽

生根培养20天后，将已生根的试管苗移入温室内，每天喷水保湿，炼苗3~5天。选择育苗穴盘或营养钵，装填育苗专用基质并浇透水。取出试管苗，用自来水轻柔清洗根部残留的琼脂。洗净的试管苗用剪刀进行断根处理，保留根长约4厘米。将断根后的试管苗在浓度为50毫克/升的萘乙酸中浸泡10分钟，再移栽至育苗基质中。基质为土、泥炭、珍珠岩按1:1:1的比例混合而成。成活后的试管苗待长势稳定后移栽定植到大田中。

第四章 栝楼的栽培模式

第一节　架式栽培

栝楼属于蔓生性植物，蔓可长至10余米，分叉多，对"籽用"型栝楼，需要搭设棚架，以利于藤蔓的攀缘生长，提高坐果量。"籽用"型栝楼多栽培在南方地区，南方地区雨水较多，果实接触地面，容易烂坏，棚架式栽培十分必要。

一 选地

选择地势高燥、排灌方便、土层深厚、疏松肥沃、阳光充足、通风条件好、交通便利的向阳地块，壤土或沙壤土为宜。前茬作物以大宗农作物为宜，忌林木、瓜类及茄果类蔬菜。

二 整地

因栝楼根系入土可达1米，选地后要精细整地，先进行旋耕松土，深度大于80厘米，使土壤细碎、松软。结合整地每亩施入经无害化处理的有机肥300~500千克、生物复合肥75千克做基肥。施肥后翻耕，使土肥充分混匀。

三 做畦

棚架式栽培，按行距约 3 米（沟宽 0.5~1.0 米）做畦，土壤黏重且雨水较多的区域做成 50~60 厘米的高畦，雨量较少且土壤保水性较差的地区可以做成 15~30 厘米的畦（图 4–1）。

图 4–1　栝楼整地做畦及标准化展示

四 定植

根据需求，可选择种子苗、块根苗或组培苗定植，于 3 月底前完成。每畦 1 行，种植密度因品种而异，每亩 200~300 株。块根深埋 8~10 厘米，浇水后覆土盖膜。雌雄株比例为 15:1。雄株尽量均匀分布在田中。

五 搭架

1.立柱

可就地选材，采用长 2.5~3 米的木柱、毛竹或水泥杆等做立柱，行间距 3 米左右，下埋 0.5~0.6 米填土压实，使立柱牢固。立柱高 2.4~2.5 米，四周立柱向外倾斜 30°左右，用地锚或角铁斜拉固定。或者选用长 2.2 米、直径 48 毫米的镀锌钢管柱，行间距 3.5 米左右，下埋约0.2 米填土压实，使立柱牢固。四周立柱选用长 2.4 米、直径 48 毫米的镀锌钢管柱，安装时需向外侧倾斜 45°左右，用地锚固定。

图 4-2 栝楼倒架

用地锚固定这个环节非常重要，如未支撑牢固，在栝楼生长旺盛期遇连续雨天，容易发生倒架，造成无法弥补的损失（图 4-2）。

搭架最好在定植前结束，避免出苗后搭架伤苗。

2.拉钢丝网格

选用不锈钢钢丝或钢绞线，在立柱上端拉成 1.5 米×1.5 米的方格作为承力主筋，然后在钢丝方格上覆盖网眼为 20 厘米×20 厘米的尼龙网即可（图 4-3）。

图 4-3 拉钢丝网格

图 4–4　扶苗上架

六 栝楼植株管理

栝楼出苗后及时破膜放苗防烫伤，蔓长 30 厘米左右时，每株选取 1 枝粗壮茎蔓，吊蔓扶苗上架（图 4–4），去除多余茎蔓和留蔓上的侧芽（侧枝）。果实收获后，植株地上叶片 90%以上枯死后，在离地约 10 厘米处割断植株主蔓，同时清除地面和棚架上茎叶，集中处理。

七 栝楼肥水管理

栝楼属喜肥植物，腐熟的农家肥及有机肥等均可作为基肥和追肥，但仅适用于小面积种植。实施规模化种植时，需要多种肥料综合使用。由于栝楼产业发展时间短，配套的技术还不全面，近年来，化肥的不合理施用使栝楼产量和品质下降。因此，掌握各种肥料对栝楼的生长发育、坐果率、药材产量和质量等方面的影响规律，可以提高栝楼的产量和质量，推动栝楼产业的发展。

1.栝楼主要需肥特性

（1）氮肥。可以提高栝楼的光合速率和坐果率，促进果实膨大，显著提高植株鲜果重量，但是对籽粒的增重效果略差。值得注意的是，由于肥料养分间存在着协同及拮抗作用，氮肥的用量并不是越高越能提高产量，当用量超过一定范围时，栝楼的生长反而会受到抑制，鲜果重和籽粒干重均低于适当用量氮肥处理下的植株。此外，过量施用氮肥还会造成营养失衡，增加植株染病风险，因此需要根据植物的生长需求及当地的土壤肥力水平确定适宜的氮肥施用量。

（2）钾肥。钾是植物体内多种酶的活化剂，影响植物体内物质运输及蛋白质、淀粉的合成，能促进籽粒饱满，同时可以提高植物抗性。实验证明，增施钾肥后栝楼的产量显著高于不施钾肥栝楼的产量。因此，在花果期可以根据植株生长的情况，适量土壤追施钾肥，或者喷洒叶面钾肥，以促进果实和籽粒的发育。

（3）磷肥。适量添加磷肥后，鲜果重和籽粒干重都有提高，磷与锌、铁、镁之间存在拮抗作用，过量施用磷肥会抑制土壤中锌、铁、镁的活性，影响植物对这些元素的吸收，从而影响其产量和品质。实验表明，在氮肥和钾肥施用量一定的情况下，少量增加磷肥的施用量并不会提高栝楼的产量。与氮肥类似的是，过度施用磷肥也会使植株生长受到抑制。

2.栝楼施肥管理

（1）基肥。以有机肥为主，每亩施腐熟饼肥约 100 千克或其他有机肥料 200~300 千克，45%硫酸钾复合肥 50 千克、磷酸二铵 20 千克、优质硼砂 1 千克、硫酸锌 1 千克。穴施，距根 40 厘米以上。

（2）提苗肥。当年定植的苗高 20 厘米左右或多年生茎蔓抽生时，在距根部约 30 厘米处，每亩沟施或穴施尿素 5 千克、45%硫酸钾复合肥 30 千克，随后覆土。

（3）花果肥。6—8 月份，以有机肥与钾肥为主，重施 2~3 次花果肥。每次每亩沟施或穴施饼肥 50 千克、45%硫酸钾复合肥 15 千克，在距离根部约 50 厘米外沟施，施后覆土；果实膨大期，结合喷药，喷施磷酸二氢钾和其他叶面肥等。

开花坐果后，茎叶生长加速，营养生长和果实发育需肥量大，因此，花果期需要追肥 2~3 次。一般坐果后施 1 次，施肥量视土壤肥力、植株长势、结果状况而定。如土壤肥力好，植株长势旺、结果少，不施或少施肥；反之需要多施，一般每株施高浓度复合肥 100~200 克。7 月下旬重施 1 次追肥，促使植株在 7 月底至 8 月上旬多发新枝多结果。8 月下旬果实还处于生长发育期，宜对植株长势弱、缺乏后劲的地块适时适量根外补施追肥，提高籽粒重。

3.栝楼水分管理

栝楼喜阳光，怕积水，比较耐寒，但不耐干旱。种植时要求土质以土层深厚、肥沃、疏松且排水良好的壤土和沙质壤土为佳。在栽种前，首先要进行整地，对地下水位低的地块以低畦、低穴栽种为宜；地下水位高的地块，为提高其抗旱防涝能力，则选择高畦栽种。栽植后，要经常保持土壤湿润，遇干旱天气时，应及时灌水，可结合灌水施用液体肥料，供植株生长所需（图 4–5）。雨季要注意防涝，及时排水，避免烂根，要注意及时排除积水；旱季如土壤过干，可在距离根部 9~12 厘米处开沟浇水。此外，栝

图 4–5　栝楼肥水一体化管理

楼生长中后期处于气温高、易干旱季节，叶面蒸发量大，要注意浇水保湿抗旱。

第二节　爬地栽培

爬地栽培又称无架式栽培，主要集中在河北安国地区，以采收根和果实为主。此模式可以节省架材等成本投入，适宜于降水量较少的北方地区或者地势高燥、通风条件好的壤土地块(图 4–6)。按照河北省天花粉生产技术规程，爬地栽培的技术内容如下。

图 4–6　栝楼爬地式栽培模式

一　选地整地

1.选地

因栝楼根系入土深度可在 1 米以上，种植地应选择土层深厚、疏松肥沃、排水良好的壤土或沙壤土地块，附近要有充足的水源。

2.整地

选地后要精细整地，先进行深旋耕松土，深度大于80厘米，使土壤细碎、松软。土壤旋耕后，结合整地每亩施入充分腐熟的有机肥1 500~2 000千克、生物复合肥75千克做基肥，然后翻耕，使土肥充分混匀，再整地做成2~3米宽的平畦备播。

二 定植

种子繁殖适宜播期为2月底至3月初；块根繁殖在3月中旬至4月中旬，在畦内按行株距40厘米×30厘米开沟或挖穴栽种，穴深5~8厘米，每穴平放一段块根，覆土3~6厘米厚压实。

三 田间管理

播种25天后开始出苗，出苗前后进行中耕松土除草，保持土壤疏松，视杂草情况20天左右中耕一次，7月份以后可减少中耕除草次数。苗高40厘米左右时进行第一次追肥，6—8月份可增施氮、钾肥或氮磷钾三元素复合肥，鼓励使用经国家批准的菌肥及中药材专用肥。保持畦面湿润，不可大水浇灌，雨季应及时排涝，以防地块内积水烂根，干旱时及时浇灌。

第三节 立体种养

栝楼架式栽培模式下，架下空间较大，为了最大限度地利用土地，提高土地的综合收益，很多地方开展架下资源空间综合利用。

栝楼间套种是在棚架式栽培的基础上实施的。垄面宽度2.2米或以上，栝楼定植在垄面中间部位，垄上左右两侧可分别定植鲜食大豆、豌豆、蚕豆等豆科植物以及生姜、丹参、黄精、半夏等生长周期短且对光照强度要求不高的作物，充分利用栝楼苗满架前的间隙，最大限度地提高土地利用率，同时提高经济效益。

栝楼架下养殖是在棚架式栽培的基础上，在架下进行鸡、鸭、鹅等家禽的养殖，可以利用家禽的食草性进行杂草的防控，从而节约除草的人工成本，同时可以增加经济附加值，提高收入。

通过不同的间套种、养殖模式，形成栝楼-粮食、栝楼-蔬菜、栝楼-药

图 4-7　栝楼架下立体种养粮食、蔬菜、药材和家禽

材、栝楼-家禽四大类生态种养模式(图 4-7)。

一 栝楼-鲜食大豆

1.品种选择

栝楼:选用通过品种鉴定登记的品种或农家种。

大豆:选用生育期短、早熟、高产的鲜食大豆品种。

2.选地、整地、搭架

选择通风透光、土层深厚、疏松肥沃、排水良好、水源方便的沙壤土或壤土地块种植,低洼积水地不宜种植。10 月中下旬整地、深耕 30 厘米以上,结合整地每亩施用充分腐熟的有机肥 500~800 千克(或生物有机肥 300~500 千克)作底肥,整细、耙平;按行距 3 米(沟宽 0.5 米)做畦,土壤粘重且雨水较多的区域做成 50 厘米的高畦。栝楼棚架搭建参考第四章相关内容。

3.栝楼定植与大豆播种

(1)栝楼:春季尽早定植,3 月底前完成。选择优良品种,块根粗 3 厘米左右,长 6~8 厘米,断面白色无纤维化,无病虫害。每畦定植 1 行,第一年栽植密度因品种而异,每亩 200~300 株,第二年视品种特性适当间棵。栝楼雌雄异株,按雌雄株 15:1 左右的比例配置雄株,雄株在田间尽量均匀分布。块根定植深度 8~10 厘米,视墒情,浇水后覆土,覆地膜,也可先铺薄膜,打洞定植,减少破膜用工。

(2)大豆:于每年 3 月下旬,在垄上两侧种植大豆,以穴距 20 厘米,行距 30 厘米,每穴播 3~4 粒种子为佳,每亩用种量约 1.5~2 千克。播种后立即覆盖地膜,覆膜可有效防止低温阴雨造成的烂种,促进出苗和齐苗,覆膜栽培时当幼苗子叶顶土后应及时揭去地膜或破膜掏苗。

4.田间管理

(1)栝楼:参考第四章、第五章相关内容。

(2)大豆:

①追肥。在初花期追施复合肥 150 千克/公顷,结荚鼓粒期间隔 8~12 天叶面喷施 0.2%磷酸二氢钾 2~3 次,可有效减少落花落荚,提高结荚数,促进籽粒膨大,提高产量和质量。

②病虫害防治。防治根部病害:大豆栽培田块忌连作,最好播种前施生石灰 75~120 千克/公顷,可减少根部病害,促进植株生长。防治害虫:害虫主要有蛴螬、蝼蛄、蚜虫、荚螟、食心虫和蜗牛。播种前用 45~60 千克/公顷 23%护地净颗粒剂,可防治蛴螬、蝼蛄等地下害虫;当大豆进入三叶期、六叶期,使用吡虫啉喷施防治蚜虫;进入现蕾期每隔 10 天用 1.8%虫螨光乳油 2 000 ~3 000 倍喷蕾或花 1 次,防治豆荚螟和食心虫;出苗后使用蜗克灵等防治蜗牛。

5.采收

栝楼:栝楼一般从秋分至霜降可陆续成熟,果皮变软,颜色变黄之前即可开始采摘。亦可将果实留在架上,让其自然晾晒,待霜降后采收。

大豆:大豆在每年 6—7 月份成熟时采收。

二 栝楼-生姜

1.品种选择

栝楼:选用通过品种鉴定登记的品种或农家种。

生姜:生姜选用抗病、优质、丰产、抗逆性强、商品性好的品种。

2.选地、整地、搭架

参考第四章相关内容。

3.定植

栝楼:参考第四章相关内容。

生姜:要求姜种姜块肥大、丰满、皮色光亮、肉质新鲜不干缩、不腐烂、未受冻,质地硬、无病虫害。播种前,选晴天,将精选的姜种放在阳光充足的地上晾晒，晚上收进屋内，晒姜困姜 2~3 天，对精选的姜种进行杀菌灭菌，晾干后上炕催芽，催芽温度掌握在 22~25 ℃，并掌握前高后低，20 天后待姜芽生长至 0.5~1.0 厘米时，按姜芽大小分批播种。

根据当地气温、地温和晚霜时间，地膜栽培可比常规播种提早 20~30 天，露地栽培通常在清明前后定植。种植前先将种姜掰成 40~60 g 的姜块，每一姜块带一个健壮的芽，其余的芽全部除去，按行距 50 cm，株距 25~30 cm 种植，每亩 2 500~3 000 株。用种量 200~300 kg，定植时姜芽向上并按芽南母姜北定向栽植，利于取母姜。深度以盖土稍没过芽尖为宜。栽完再用复方姜瘟净 200 倍液浇定根水，用量以湿遍姜块周围泥土为宜。盖膜前应用除草剂，兑水喷施，免除膜下杂草。定植后立即盖薄膜增温，以利早发。

4.田间管理

(1)栝楼：参考第四章、第五章相关内容。

(2)生姜：

①追肥，于 6 月上中旬结合浇水，每亩顺水冲施尿素 25 千克，以促进姜苗生长。7 月上中旬揭去地膜，每亩施用三元复合肥 50 千克，至 8 月 20 日前每亩补施硫酸钾 30 千克，追肥后及时浇水。9 月中旬可根据姜苗长势，适量追施钾肥或氮肥，并对地上部进行叶面追肥，每 7~10 天喷 1 次，连喷 3~4 次。

②及时浇水，分次培土：为保证生姜顺利出苗，在播种前浇透底水的基础上，一般在出苗前不进行浇水，而要等到姜苗 70%出土后再浇水，具体应根据天气、土壤质地及土壤水分状况灵活掌握。立秋前后，生姜进入旺盛生长期需水量增多，此期每 4~5 天浇一次水，始终保持土壤的湿润状态。

③病虫害防治。生姜生长期主要防治玉米螟、甜菜夜蛾、姜瘟病、炭疽病等。玉米螟：每亩每次喷施 5%阿维菌乳油 11~14 毫升。甜菜夜蛾：每

亩每次喷施14%氯虫·高氯氟微囊悬浮剂15~20毫升。姜瘟病:每亩每次用77%硫酸铜钙可湿性粉剂600~800倍液(每株用250~300毫升)喷淋灌根。炭疽病:每亩每次喷施25%吡唑醚菌酯悬浮剂20~30毫升。

5.采收

栝楼:栝楼一般从秋分至霜降可陆续成熟,果皮变软,颜色变黄之前即可开始采摘。亦可将果实留在架上,让其自然晾晒,待霜降后采收。

生姜:大田收获生姜的最佳收获期应在初霜后10~15天,此时收获生姜既不会冻伤姜块,又可充分利用生姜后期增产这一黄金时期。

三 栝楼-丹参育苗

1.品种选择

栝楼:选用通过品种鉴定登记的品种或农家种;

丹参:选用药用成分含量高、高产、商品性好的品种。

2.选地、整地、搭架

参考第四章相关内容。

3.定植

栝楼:参考第四章相关内容。

丹参:6—8月份,收获成熟的丹参种子,挑选颗粒饱满、成熟度一致的进行育苗。将筛选后的种子拌入细沙撒入栝楼垄间的畦中,畦提前灌溉,播种量为每亩0.5 kg种子,播种后上层覆盖一层细土,以不见种子为宜。丹参种苗前期喜阴,7—10月份栝楼棚可很好的起到遮阳效果,后期10—11月份,栝楼藤干枯,可使丹参顺利地进行光合作用,进行碳水化合物积累,促进根系发育。

4.田间管理

(1)栝楼:参考第四章、第五章相关内容。

(2)丹参:

①间苗处理：丹参种子播好后，大概 7—10 天就能出苗，当幼苗长到 3—5 片真叶时，就要进行间苗。

②肥水管理：丹参育苗期施肥主要为含氮少、速效磷、含钾多的复合肥，每亩约施 10 千克，以促进丹参根部生长；丹参幼苗不耐水分，遇涝要及时排水，以免根部腐烂而死苗。

5.采收

栝楼：栝楼一般从秋分至霜降可陆续成熟，果皮变软，颜色变黄之前即可开始采摘。亦可将果实留在架上，让其自然晾晒，待霜降后采收。

丹参：次年 3 月份丹参幼苗叶片大于 10 片时即可采挖移栽。

四 栝楼-小麦-土鸡

1.品种选择

（1）栝楼：选用通过品种鉴定登记的品种或农家种。

（2）小麦：选用早熟高产品种。

（3）土鸡：选择耐粗饲、适应性与抗病性强的品种，以自繁的农家草鸡为好，其次是地方杂交鸡，第三是良种蛋鸡。

2.选地整地

9 月上中旬，因地制宜进行选地与整地。原则上选择地势平坦、土层深厚、疏松肥沃、排灌方便、交通便利的向阳地块，壤土、沙壤土为宜。前茬作物以大宗农作物为宜，忌林木、瓜类及茄果类蔬菜。种植前，深翻土地 30 厘米以上，并施入腐熟的有机肥，搭配少量复合肥，保持良好的墒情，然后压碎土块，平整地面，提高土壤水分含量，做好种植准备。

3.棚架与鸡舍搭建

（1）棚架搭建：栝楼搭架参考第四章相关内容。

（2）鸡舍搭建：选择向阳避风、地域相对平坦开阔、地表干燥、水源充足、交通便利的地方建造鸡舍。园地周围要用渔网或纤维网隔离，根据需要进行人为分区，以便管理。根据鸡只多少和园地面积大小，适当搭一些塑料大棚作为鸡舍，可采用简易木架结构，要留排气孔。园内要保持清洁，备有充足的水源，以满足饮水需要。

4.种养方法与顺序

9月中旬在棚架下播种小麦，宽垄套作，垄宽4.5米，3.9米种23~24行小麦，0.6米种1行栝楼。

翌年春季尽早定植栝楼，3月底前完成。选择优良品种，根段粗3厘米左右，长6~8厘米，断面白色无纤维化，无病虫害。第一年栽植密度因品种而异，每亩200~300株，第二年视品种特性适当间株。栝楼雌雄异株，按雌雄株15:1左右的比例配置雄株，雄株在田间尽量均匀分布。块根定植深8~10厘米，视墒情，浇水后覆土，覆地膜，也可先铺薄膜，打洞定植，可以减少破膜用工。

从翌年4月上中旬开始，在舍内饲养雏鸡4周，体重至200克左右。5月中旬收割小麦后，将其放入栝楼棚架下散养，放养初期要酌情加专门鸡饲料，随着鸡龄增长，逐渐减少专门鸡饲料饲量及饲喂次数，5周龄后全部换为谷物杂粮，促使它们在果园中主动寻找其他食物，增加鸡的活动量，从而提高鸡的肉质。放养期间要勤观察，做到有病早发现早治疗，同时做好常规消毒和预防接种工作。养鸡规模一般为50~100羽/亩。

5.田间管理

(1)栝楼：参考第四章和第五章相关内容。

(2)小麦：

①冬前管理：待冬小麦出苗后，及时做好查苗、疏苗等工作，确保苗全、苗匀，缺苗处要进行补苗，然后及时冬灌，以提高小麦抗逆能力。

②后期管理：小麦进入灌浆期，就需要及时进行叶面追肥，用2%尿素与0.3%磷酸二氢钾配制成混合液对其叶面进行喷施，能够有效提高冬小麦产量和质量。

6.采收与出栏

(1)小麦采收:5月中旬收割小麦,然后晾晒,充分干燥后,收入仓库里贮藏。

(2)土鸡出栏:土鸡养殖5个月左右(9月上中旬)即可出栏。

(3)栝楼采收:果皮金黄色、手感柔软时(一般10月底至11月初)分批采收,并用瓜蒌子专用机器漂洗,去除杂质和瘪粒,晒干至含水率13%以下。栝楼生长2~3年,可在冬季植株地上部分枯萎后至春季出苗前挖取根部作为天花粉销售。

7.效益分析

(1)经济效益分析。通过栝楼园套种小麦和放养土鸡,充分利用土地空间,降低了人工喂养等基础投入成本,通过种养结合,鸡吃虫、草还能减少果园施肥除草和病虫防治成本。种养结合,每年每亩可增加纯收益1 000元,经济效益十分可观。

(2)生态效益分析。栝楼园套种小麦,小麦收割后散落园内的麦子可供鸡啄食,提高了粮食的回收利用率;栝楼园养鸡,鸡吃虫、草,鸡粪肥园,减少了农药、化肥等化学物质投入量,同时鸡粪等生产废弃物得到有效处理和综合利用。由于养鸡环节的加入,形成了以林间虫、草、土鸡、土壤为主要成分的生态链条,杂草、昆虫、蚯蚓等土栖小动物、微生物、土鸡等在该系统中占据了适合自己的生态位,形成了稳定的生态结构体系和稳定的物质流和能量流,使该生态系统稳定、协调发展。

五 观光连廊和农家小院栽培

需要在观光连廊的两侧,按照棚架式栽培的改良模式,进行立柱的安装,顶部同样以钢丝固定,再覆盖网眼20厘米×20厘米的尼龙网即可。定植栝楼种苗或种根时,在立柱的间隙种植,按照生产田的要求进行雌雄株的配置,出苗后两侧分别进行引蔓上架。待藤蔓爬满整个连廊,栝楼果实垂下,满眼绿色,极具观赏价值(图 4-8)。秋季栝楼果皮转为橙色,硕果累累,满眼秋收的满足感。

图 4-8 栝楼观光连廊

农家小院栽培是最为常见,也是最为传统的种植方式,稀疏的栽种几株,同样要注意雌雄株的搭配,藤蔓顺着农家院子随意攀爬,具有观赏性的同时还可以待果实成熟后,进行采摘、洗籽、晾晒、炒制,食用。

该栽培模式适宜在观光休闲农业中进行应用推广。

第五章 栝楼主要病虫草害绿色防控

栝楼病虫草害直接影响其产量与品质。栝楼主要的病害有炭疽病、蔓枯病、流胶病、根腐病、细菌性角斑病、病毒病和根结线虫病等，主要的虫害有蚜虫、棕榈蓟马、朱砂叶螨、瓜绢螟、黄守瓜、菱斑食植瓢虫、瓜实蝇和瓜藤天牛等。

第一节 栝楼主要病害的防控

一 炭疽病

1.分布与危害

炭疽病是葫芦科作物的主要病害之一，在世界范围内均有发生，可危害西瓜、甜瓜、黄瓜、南瓜、栝楼等葫芦科作物的叶片、叶柄、茎蔓和果实，导致作物的产量下降，品质降低。

2.症状

此病全生育期均可发生，以中、后期发病较重，主要危害叶片、叶柄、茎蔓和果实。苗期发病，子叶上出现圆形淡褐色病斑，边缘有浅绿色晕环。嫩茎染病，茎基部变成黑褐色并缢缩，严重时致幼苗猝倒。真叶发病，初为圆形或纺锤形水渍状斑点，病斑黄褐色，周围有黄色晕圈，严重时病斑相互连接形成不规则的大病斑，干燥时病斑中部易破碎穿孔，潮湿时病斑表面会产生粉红色黏稠物或黑色小点。叶柄或茎蔓发病,病斑呈长圆形,稍凹陷,初呈淡黄色水渍状,后转为黑色,当病斑环绕茎蔓一周后则全株枯死。果实染病,初呈水渍状浅绿色凹陷斑,后呈黑褐色,凹陷处常龟裂,在高湿条件下病斑中部产生粉红色黏状物(图 5–1)。

图 5–1　炭疽病

3.病原

炭疽病病原菌的有性型为葫芦小丛壳,属于子囊菌门小丛壳属,自然条件下少见;无性型为瓜类炭疽菌,属于子囊菌门炭疽菌属。分生孢子盘聚生,产生在寄主表皮下,成熟后突破表皮外露呈黑褐色,分生孢子盘上着生一些暗褐色的刚毛,基部膨大,具 2~3 个横隔。分生孢子梗无色,单胞,圆筒状。

4.发生规律

病原菌主要以菌丝体和拟菌核随病残体在土壤中越冬,也可附在种子上越冬。翌年环境条件适宜时,越冬后的病原菌产生大量分生孢子,成为田间病害的初侵染源,分生孢子通过雨水、灌溉水、昆虫或人畜活动传播到健株上,导致多次重复再侵染。低温高湿是炭疽病发生流行的主要条件,气温 10~30 ℃均可发病,湿度在 80%~90%易发病,湿度低于 54%则发病轻或不发病。此外，田间管理不当、氮肥施用过量、排水不畅、通风不良、植株衰弱等均可导致炭疽病的发生。

5.防治方法

选用抗病品种是预防栝楼炭疽病的关键，不同的栝楼品种对炭疽病的抗性不同，可因地制宜地选用“皖蒌15号”、“皖蒌17号”等抗病栝楼品种。生产中推荐采用高畦地膜覆盖栽培，有条件的可应用滴灌、膜下暗灌等节水栽培防病技术。适时浇水、施肥，施用充分腐熟的有机肥，雨后及时排水，降低田间湿度。发病前，可采用25%嘧菌酯悬浮剂1 500~2 500倍液和75%百菌清可湿性粉剂600~800倍液进行防治；发病初期，可使用20%苯醚·咪鲜胺微乳剂2 500~3 500倍液、25%嘧菌酯悬浮剂1 500~2 500倍液和25%咪鲜胺乳油1 000~1 500倍液+75%百菌清可湿性粉剂600~800倍液进行防治，每隔7天喷1次，连喷2~3次。

二 蔓枯病

1.分布与危害

蔓枯病是一种在世界范围内广泛发生的真菌土传病害，是葫芦科作物的重要病害之一。该病寄主广泛，包括黄瓜、丝瓜、南瓜、西瓜、甜瓜、哈密瓜和栝楼等。一般蔓枯病的发病率为10%~30%，严重时高达80%，严重影响作物的产量和品质。

2.症状

蔓枯病在栝楼的各生育期均可发生，主要危害叶片、茎和果实。叶片病害多从叶缘开始发生，形成“V”形或椭圆形水渍状病斑，淡褐色至黄褐色，病斑干燥易破裂。茎部发病初期出现水渍状小斑并迅速扩展，后期整株枯萎死亡。该病侵染果实，先出现水渍状黄褐色病斑，不久变为暗褐色，中央部分稍有凹陷，表面覆盖大量白色菌丝，后期果实出现大面积腐烂，严重时导致果实脱落（图5-2）。

图 5-2　蔓枯病

3.病原

病原菌为蔓枯亚隔孢壳,属于子囊菌亚门亚隔孢壳属真菌。蔓枯病菌在马铃薯葡萄糖琼脂培养基(PDA)上生长,菌落呈规则的同心圆,菌丝紧贴平板生长,绒毡型,前期为白色,后期呈灰白色。有性阶段的假囊壳球形,黑褐色,子囊孢子无色透明,呈梭形至椭圆形,双胞,上面细胞较宽、下面细胞较窄,分隔处缢缩明显。无性阶段的分生孢子器呈褐色,球形或近球形,具孔口。分生孢子无色,长椭圆形,两端钝圆,初为单胞,后中部生 1 个隔膜,分隔处常缢缩,含有 2 个或多个油球。

4.发生规律

病原菌以菌丝体、分生孢子器和子囊壳随病残体在土壤中或附在种子上越冬。翌年条件适宜时孢子萌发,随风雨或灌溉水传播,从植株的气孔或伤口侵入,引起初侵染。病斑上产生大量分生孢子,通过气流、雨水或农事操作继续传播,不断进行再侵染。带菌种子也可以成为蔓枯病发生的初侵染源,带菌种子发芽后病菌侵染子叶,形成病斑后产生分生孢子进行再侵染。高温多雨季节蔓枯病发病迅速,偏施氮肥、通风透光不足、土壤湿度大、排水不良的地块易发病。

5.防治方法

收获后及时彻底清除病残体,减少田间初侵染菌源。栽培时要加强通风透光,施足基肥,多施充分腐熟的有机肥,避免偏施氮肥,适当增施磷肥、钾肥,避免田间积水;雨后及时排水,提倡地膜覆盖栽培,以保持土壤水分和降低空气湿度。播种前进行种子处理,可选用50%多菌灵可湿性粉剂 500 倍液浸种 30 分钟,也可用 2.5%咯菌腈悬浮种衣剂按种子重量的 0.3%进行种子包衣,或采用 50%福美双可湿性粉剂拌种。发病前或初期进行药剂防治,选用 25%嘧菌酯悬浮剂 1 500~2 500 倍液、32.5%苯甲·嘧菌酯悬浮剂 1 500~2 500 倍液和 25%咪鲜胺乳油 800~1 000 倍液进行喷雾,视病情每 7~10 天喷 1 次。

三 流胶枯死病

1.分布与危害

瓜类拟茎点霉可引起瓜类出现流胶枯死病,该病在栝楼产区普遍发生。该病的寄主范围广泛,可危害西瓜、甜瓜、哈密瓜、栝楼等葫芦科作物,茎部出现明显的流胶现象,严重时导致作物枯萎死亡。

2.症状

病原菌可侵染栝楼植株的叶片、茎和果实,果实和茎感病最为严重。叶片发病,病斑常见于叶缘,初为深褐色水渍状,后期呈黄褐色,叶片边缘焦枯易破裂。茎部发病,病菌从表皮逐步向内侵入,导致茎部表面出现大量的黄褐色胶体分泌物,后感染部位断裂,整株枯死。果实感病,出现多处不规则的病斑,逐渐连接成片,病斑呈深褐色,表面覆盖乳黄色物质,受害处组织变硬,有时伴有黄色胶状物泌出(图 5–3)。

图 5-3 流胶枯死病

3.病原

栝楼流胶枯死病病原菌为甜瓜间座壳，属于子囊菌间座壳属真菌，无性型为拟茎点霉属。分生孢子器埋生于病组织内，呈球形、椭圆球形或不规则形，成熟时产生 α 型和 β 型两种类型的分生孢子。α 型分生孢子无色透明，单胞，呈纺锤形或椭圆形，一端或两端较窄，每端各含 1 个油球；β 型分生孢子无色透明，单胞，呈线形，一端较直，另一端稍弯曲。在 PDA 培养基上，病菌的菌落呈白色、毛毡状，较为致密。25 ℃条件下黑暗培养 30 天左右，菌落上散生凸起的黑色分生孢子器，呈球形或近球形。继续培养，分生孢子器顶端溢出黄色的分生孢子角。

4.发生规律

病原菌主要以菌丝体和分生孢子器在土壤、病组织及枯枝上越冬。次年春天环境条件适宜时，分生孢子器释放出大量的分生孢子，可借助雨水、气流和昆虫等媒介进行传播，通过气孔、皮孔或伤口侵入栝楼植株，形成初侵染。多雨潮湿时，潜伏在植株体内的菌丝体恢复生长，分生孢子器大量形成并产生分生孢子，分生孢子由风雨、昆虫等传播，萌发芽管直接从伤口侵入皮层中，芽管通过生长、分枝发展成菌丝。菌丝继续向植株的韧皮部、木质部蔓延，侵染部位形成流胶型病斑。

5.防治方法

彻底清除田间病残体，增施有机肥。在苗茎上架后和初花期尚未发病时使用75%百菌清可湿性粉剂600倍液分别进行预防；在发病初期使用32.5%苯甲·嘧菌酯悬浮剂1 000倍液，或10%苯醚甲环唑水分散粒剂+50%咪鲜胺锰盐可湿性粉剂800倍液，或75%肟菌·戊唑醇水分散粒剂1 500倍液进行喷雾，每隔7天喷1次，连续施药2次后注意观察病情。如果茎基部流胶病发生较为严重，可以使用4.8%苯醚·咯菌腈悬浮种衣剂直接进行涂抹，或3%苯醚甲环唑悬浮种衣剂+75%肟菌·戊唑醇水分散粒剂进行涂抹。

四 根腐病

1.分布与危害

根腐病是农作物上的常见病害，作为一种土传性病害，其发生历史悠久，发生范围广。在栝楼生产中，由于气候及栽培技术等多种原因，栝楼都会发生不同程度的根腐病。该病多发生于6—8月份，具有发生早、蔓延快、危害重、损失大的特点，严重影响栝楼的品质和产量。

2.症状

此病在苗期和成株期均可发病，主要危害栝楼茎基部和根部。发病初期，病斑呈现水渍状，暗绿色，后腐烂。茎基部缢缩不明显或稍缢缩，横切病茎可见维管束变褐色，不向上发展，湿度大时病部可长出明显的白色霉层。后期病部往往变得更糟，仅留下丝状维管束。病部地上部初期症状不明显，后叶片中午萎蔫，早晚可恢复，病情更为严重后多数不能恢复导致整株枯萎甚至死亡(图5–4)。

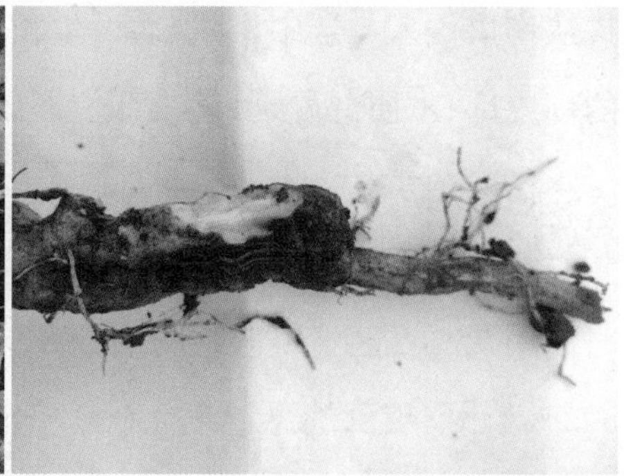

图 5-4 根腐病

3.病原

栝楼根腐病的病原菌为腐皮镰孢，属于子囊菌无性型镰孢真菌属。该病菌在 PDA 培养基上菌丝呈银白色、绒毛状，基物表面为猪肝紫色。分生孢子有两种类型：大型分生孢子，呈新月形、无色，有2~4 个隔膜；小型分生孢子，呈椭圆形或卵形、无色，单胞。病原菌能产生厚垣孢子和菌核。厚垣孢子褐色，呈梨形或球形，单生或串生于菌丝或分生孢子上。

4.发生规律

病原菌以菌丝体、厚垣孢子或菌核随病残体在土壤中越冬，也可直接在土壤中越冬。腐皮镰孢的腐生性很强，其厚垣孢子可在土壤中存活 5~6 年甚至 10 年及以上，成为主要侵染源。病菌从根部伤口侵入，后在病斑上产生分生孢子。分生孢子借助雨水或灌溉水传播蔓延，进行再侵染。高温高湿利于发病，连作地、低洼地、黏土地发病重。

5.防治方法

做好播种前准备，一定要选择不带病的种根。采用高畦栽培，防止大水漫灌，雨后及时排除田间积水。田间操作时不要伤及根部，发现病株要及时拔除并烧毁。选用 4.8%苯醚·咯菌腈悬浮种衣剂或 6.25%精甲·咯菌腈悬浮种衣剂 200~300 倍液浸种 10 分钟，苗期可使用 32.5%苯甲·嘧菌酯悬浮剂 500 倍液+烯酰吗啉或 75%肟菌·戊唑醇水分散粒剂+噁霉灵进行灌根处理。多年生的地块，可以选择生物菌肥进行施肥加防控。

五 细菌性角斑病

1.分布与危害

细菌性角斑病是黄瓜、西葫芦、苦瓜、栝楼等多种葫芦科作物生产中的重要病害之一，可造成作物严重减产，该病在我国分布广泛。

2.症状

栝楼苗期和成株期均可发病，主要危害叶片，发病严重时，叶柄、茎蔓、卷须和果实也可受害。子叶染病，初期产生水渍状、近圆形的斑点，后病斑变黄褐色、干枯；真叶受害，初为水渍状斑点，后变淡褐色，病斑扩大时受叶脉限制呈多角形。湿度大时，病斑背面产生乳白色菌脓，后期病斑呈灰白色，易穿孔。叶柄、茎蔓和卷须发病，病斑纵向发展，形成条斑；严重时纵向开裂呈水渍状腐烂样，高湿条件下溢出菌脓，病斑干燥后，表层残留白痕。果实发病，初期产生水渍状小斑点，扩展后不规则或连片，病部溢出大量菌脓。病斑不断向果实内部扩展，一直延伸到种子，致种子带菌，后期整个果实腐烂发臭(图 5–5)。

图 5–5　细菌性角斑病

在田间，细菌性角斑病容易与霜霉病混淆，造成错误用药。二者的主要区别为：霜霉病叶片背面有黑色霉层，病斑不穿孔，果实不受害；角斑病叶片有菌脓溢出，病斑常穿孔，果实受害且有臭味。

3.病原

病原菌为丁香假单胞菌黄瓜角斑致病菌变种，属于薄壁菌门假单胞菌属。菌体短杆状，相互呈链状连接，端生1~5根鞭毛，有荚膜，无芽孢，革兰染色阴性。生长适宜温度为24~28 ℃，致死温度为48~50 ℃（10分钟）。

4.发生规律

病原菌在种子内外或随病残体在土壤中越冬，种子带菌率一般为2%~3%，种子内的病原菌可存活1年，病原菌通过种子可进行远距离传播。翌年春季，越冬的病原菌作为初侵染源，由雨水或灌溉水溅到茎叶上，从植株的气孔、皮孔或伤口侵入引起病害发生。新病株上的病原菌作为再侵染源，通过雨水、灌溉水、气流、昆虫和农事操作等途径传播。低温高湿利于发病。每年7月中旬为细菌性角斑病发病高峰期。

5.防治方法

采用高垄覆膜栽培，完善排灌设施；收获后及时清除病株残体，集中烧毁或者深埋，深翻晒土。可在发病初期，选用下列杀菌剂进行防治：88%水合霉素可溶性粉剂1 500~2 000倍液，3%中生菌素可湿性粉剂800~1 000倍液，72%农用硫酸链霉素可溶性粉剂3 000~4 000倍液，20%噻唑锌悬浮剂300~500倍液+12%松脂酸铜乳油600~800倍液，20%噻菌铜悬浮剂1 000~1 500倍液，20%喹菌酮水剂1 000~1 500倍液，20%叶枯唑可湿性粉剂1 000~1 200倍液，50%氯溴异氰尿酸可溶性粉剂1 500~2 000倍液，77%氢氧化铜可湿性粉剂800~1 000倍液，兑水喷雾，视病情每隔5~7天喷1次。

六 病毒病

1.分布与危害

病毒病是栝楼的重要病害之一，发生普遍，分布广泛。一般发病率为5%~10%，严重时在30%以上，对栝楼产量造成严重影响。

2.症状

主要有两种表现症状：花叶型和绿斑驳型。

（1）花叶型。苗期染病，子叶变黄枯萎，幼叶呈深绿与淡绿相间的花叶状。成株染病，新叶呈黄绿相间，叶面凹凸不平，叶片变小、畸形，节间缩短，植株矮化，果实表面上有褪绿色斑驳。发病严重的植株簇生小叶，不结瓜，萎缩枯死。

（2）绿斑驳型。新叶发病，初生黄色小斑点，后变为淡黄色斑纹，绿色部分呈凹凸不平的隆起瘤状，叶片变小，植株矮化（图5-6）。果实发病，果面凹凸不平，发病严重会导致果实畸形。

图5-6 栝楼病毒病

3.病原

花叶型由黄瓜花叶病毒和甜瓜花叶病毒侵染所致。绿斑驳型由黄瓜绿斑驳花叶病毒侵染所致。

4.发生规律

黄瓜花叶病毒病种子不带病，蚜虫主要在多年生宿根植物上越冬，每当春季发芽后，开始活动或迁飞，成为传播此病的主要媒介；汁液摩擦也可传毒。甜瓜花叶病毒可由种子带毒越冬，通过种子、汁液摩擦或传毒媒介昆虫传播。黄瓜绿斑驳花叶病毒病种子可以带毒，也可在土壤上越冬，成为翌年的初侵染源，通过风雨、农事操作等进行多次再侵染，蚜虫不传毒。

5.防治方法

在发病前或发病初期及时采取预防措施，可采用以下药剂进行防治：6%寡糖·链蛋白可湿性粉剂 800~1 000 倍液，30%毒氟磷可湿性粉剂 500~800 倍液，4%嘧肽霉素水剂 200~300 倍液，2%宁南霉素水剂 200~400 倍液，3.85%三氮唑·铜·锌水乳剂 600~800 倍液，7.5%菌毒·吗啉胍水剂 500~700 倍液，2.1%烷醇·硫酸铜可湿性粉剂 500~700 倍液，3.95%三氮唑核苷·铜·烷醇·锌水剂 500~800 倍液，也可使用植物生长调节剂芸苔素内酯、赤·吲乙·芸苔（碧护）等增强植株的抗性，以减轻病毒病造成的危害。

七 根结线虫病

1.分布与危害

葫芦科作物根结线虫病是世界性分布的重要病害之一，大多数的葫芦科作物均可受害，如黄瓜、冬瓜、南瓜、丝瓜、苦瓜、栝楼等。在多种根结线虫中，以南方根结线虫对栝楼危害最为广泛和严重。

2.症状

主要危害根部，侧根和须根受害较重。染病后，初期形成大小不一的根瘤，呈白色，后变成淡褐色，严重时根结呈串珠状（图 5-7）。随着危害加重，根系逐渐腐烂，后期整个根部腐烂坏死。植株被侵染后，轻微时地上部分症状不明显，仅表现叶色变浅，天热时中午萎蔫；发病严重时生长迟缓，植株矮化，叶片发黄，长势似缺水缺肥状，生长不良，不结果或结果小，多提前枯死。剖开根结可见极小的乳白色的鸭梨形线虫。

图 5-7　根结线虫病

3.病原

病原主要为南方根结线虫，属动物界线虫门。根结线虫雌、雄虫异形，幼虫呈细长蠕虫形。雄成虫线状，头部呈圆锥状，尾端稍圆，具有粗大的交合刺。雌成虫卵圆形或梨形，具有独特的会阴花纹，这是线虫分类的重要依据。

4.发生规律

根结线虫病的发生与气温、土质、土壤温度以及栽培制度紧密相关。根结线虫多以 2 龄幼虫或卵随病残体遗留在 5~30 厘米土层中，能生存 1~3 年。条件适宜时，越冬卵孵化为幼虫，继续发育后侵入栝楼根部，刺激根部细胞增生，产生新的根结或肿瘤。根结线虫发育到 4 龄时交尾产卵，雄线虫离开寄主钻入土中后很快死亡。产在根结里的卵孵化后发育至 2 龄后脱离卵壳，进入土壤中进行再侵染或越冬。南方根结线虫生存的最适宜温度为 25~30 ℃，温度过高或过低对线虫的活动均不利。根结线虫生长发育的最适宜土壤湿度为 40%~70%，雨季有利于孵化和侵染。干燥或过湿土壤中，其活动受到抑制。根结线虫具有好气性，在沙土地的危害常较在黏土地的重。

5.防治方法

线虫主要是通过种根传播，所以一定要选择无病的种根，否则很快就会蔓延到新种植地块，且线虫一旦侵染将很难根除，对多年生栝楼造成毁灭性的危害。除做好种根筛选之外，在新的地块要检查土壤中是否有根结线虫，建议到专业的检测机构进行土壤检测。根结线虫一般在4月初开始孵化侵染，可以在4月每亩使用10%噻唑膦颗粒剂2~5千克、1.5%二硫氰基甲烷可湿性粉剂3 500~5 000倍液或41.7%氟吡菌酰胺悬浮剂1.5万~2.0万倍液进行灌根，在6—8月份线虫繁殖盛期进行2~3次灌根处理。根结线虫发生严重田块，实行2年或5年轮作。

第二节　栝楼主要虫害的防控

一　蚜虫

1.分布

栝楼田蚜虫主要是棉蚜，属同翅目蚜科。全国各地均有分布，是葫芦科作物的重要害虫。

2.危害特点

主要以成虫和若虫在叶片背面、嫩梢和嫩茎上利用刺吸式口器吸取植物汁液。嫩叶及生长点受害后，叶片向背面卷缩，生长停滞，甚至全株萎蔫死亡。老叶受害不卷曲，但提前干枯，结瓜期缩短，造成减产。同时，蚜虫大量排泄极易滋生真菌的蜜露，影响植物的光合作用。此外，蚜虫还可传播多种病毒，如西瓜花叶病毒、黄瓜花叶病毒、瓜类蚜传黄化病毒等，造成的损失远远大于蚜虫的直接危害。

3.形态特征

(1)有翅胎生雌蚜。体长1.2~1.9毫米，宽卵圆形，体黄色(夏季)或墨绿色至蓝黑色(春秋季)。前胸背板及胸部黑色，具翅2对，膜质透明。腹部末端有腹管和尾片。腹管呈圆筒形，黑色，有瓦状纹。尾片呈圆锥形，近中部收缩。

（2）无翅胎生雌蚜。体长 1.5~1.9 毫米，卵圆形，夏季多为黄绿色，春秋季为深绿至蓝黑色。腹部末端有腹管和尾片。腹管呈长圆筒形，黑色或青色，表面有瓦状纹。尾片同有翅胎生雌蚜（图 5–8）。

图 5–8 蚜虫

4.发生规律

华北地区每年发生 10 余代，长江流域 20~30 代。蚜虫冬季以卵在花椒、木槿、石榴等木本植物枝条和夏枯草、紫花地丁等杂草的茎基部越冬，翌年春天平均气温在 16 ℃以上时，越冬卵孵化为有翅蚜，在越冬寄主上孤雌胎生繁殖 2~3 代，于 4—5 月份迁飞到夏寄主瓜类蔬菜等植物上繁殖危害。秋末冬初，又产生有翅蚜迁回越冬寄主上，后产生两性蚜即雄蚜和雌蚜，交尾产卵，以卵越冬，完成生活史。蚜虫的危害主要发生在栝楼幼苗期，气候干旱有利于蚜虫繁殖，危害偏重。危害期主要在春末夏初，秋季一般比春季轻。蚜虫对黄色具有较强的趋性，对银灰色有负趋性，可利用黄色进行引诱，银灰色进行忌避。

5.防治方法

加强栽培管理，培育无虫苗，合理使用化学农药。蚜虫对黄色有趋光性，可采用黄色诱板进行诱杀。蚜虫发生期及时施药防治，可采用以下杀虫剂进行防治：50%吡蚜酮水分散粒剂 2 500~3 000 倍液，33%螺虫·噻嗪酮悬浮剂 2 500~4 500 倍液，20%吡虫啉可湿性粉剂 2 000~4 000 倍液，3%啶虫脒乳油 2 000~3 000 倍液，2.5%联苯菊酯乳油 2 000~2 500 倍液，2.5%溴氰菊酯乳油 1 000~2 500 倍液，4.5%高效氯氟氰菊酯乳油 2 000~

3 000倍液，兑水喷雾，视虫情每隔7天左右喷1次。蚜虫喜好嫩梢及叶片背面，因此施药时一定要注意喷施栝楼顶端及叶片背面，注意喷透。

二 棕榈蓟马

1.分布

栝楼田间发生的蓟马种类较多，其中主要是棕榈蓟马，属缨翅目、蓟马科，是一种世界性害虫。棕榈蓟马喜食葫芦科、茄科等作物，寄主广泛。

2.危害特点

以成虫和若虫锉吸寄主嫩梢、嫩叶、花和幼瓜的汁液(图5-9)。被害嫩叶和嫩梢变硬缩小增厚，叶片受害后在叶脉间留下灰色伤斑，并可连片，叶片上卷，严重时心叶不能展开，植株矮小，发育不良或形成"无头株"，易与病毒病的症状混淆。幼瓜受害后出现畸形，严重时造成落瓜；成瓜受害后表皮有黄褐色斑纹或锈斑，影响产量和质量。除此之外，棕榈蓟马还能传播多种病毒病，严重时可造成植株相继衰败枯死，造成更严重的经济损失。

图5-9 棕榈蓟马

3.形态特征

(1)成虫:体长约1毫米,淡黄色至橙黄色。头近方形,触角7节,复眼稍凸出,单眼3只,红色,排成三角形,单眼间鬃位于单眼三角形连线外缘。后胸盾片上有1对钟形感觉器,盾片上的刻纹为纵向线条纹。翅2对,狭长透明,周缘具长毛。腹部扁长,第8节背片的后缘,雌雄两性均有发达的栉齿状突起。雄虫腹部第3~7节腹片上各有1个腹腺域,呈横条斑状。

(2)卵:长椭圆形,长约0.2毫米,无色透明或乳白色,散产于幼嫩组织内。

(3)若虫:共有4个龄期。1龄、2龄若虫无翅芽和单眼,行动活泼;3龄若虫鞘状翅芽伸达第3、第4腹节,行动缓慢;4龄若虫触角折于头背上,翅芽伸达腹部末端,行动迟钝。

4.发生规律

在广东、广西、福建等地,年发生20~21代;在华中、华东等地,年发生14~16代;在北方,年发生8~12代。主要以成虫潜伏在豆科、茄科蔬菜或杂草上、土块下、土缝中、枯枝落叶间越冬,少数以若虫越冬。成虫能飞善跳,能借助气流进行远距离迁飞;趋嫩绿色,趋光(蓝色>黄色);雌虫主要行孤雌生殖,偶有两性生殖;卵散产于植株的嫩头、嫩叶、幼果组织中。1龄、2龄若虫活动能力强,畏光,在叶片背面锉吸汁液取食造成危害;3龄若虫(前蛹)不取食,行动缓慢,落到地上,钻到3~5厘米的土层中;4龄若虫在土中化蛹,蛹羽化为成虫爬出表土,在植株上继续造成危害。温湿度对棕榈蓟马生长发育有着显著影响,其发育最适宜温度范围为25~30 ℃。

5.防治方法

棕榈蓟马体积小,早期不易被发现,在苗期要注意检查嫩梢,以便早发现、早防治。根据该虫的趋蓝色特性,每亩悬挂20片双面蓝色黏板诱捕成虫,也可悬挂黄色黏板进行诱杀。田间密切监测虫情,当每株若虫量为 3~5 头时进行药剂防治。可选用下列药剂：2.5%多杀菌素乳油 1 000 倍液，1.8%阿维菌素乳油 2 500 倍液，10%吡虫啉可湿性粉剂 1 500~2 000 倍液，3%啶虫脒乳油 2 000~3 000 倍液，25%噻虫嗪可湿性粉剂 2 000~3 000 倍液，15%唑虫酰胺乳油 2 000~3 000 倍液，10%氟啶虫酰胺水分散粒剂 3 000~4 000 倍液，10%吡丙·吡虫啉悬浮剂 1 500~2 500 倍液，25%吡虫·仲丁威乳油 2 000~3 000 倍液，兑水喷雾，视虫情每隔 7~10 天喷1次。注意复合用药及交替用药，以延缓棕榈蓟马产生抗药性。

三 朱砂叶螨

1.分布

朱砂叶螨又称红蜘蛛，属蛛形纲真螨目叶螨科，是一种广泛分布于世界温带的农林大害虫，在我国各地均有发生。

2.危害特点

叶螨以成、幼、若螨在寄主的叶片背面刺吸汁液并吐丝结网，通常从下部叶片向上发展蔓延(图 5-10)。受害叶片初期呈灰白色，严重时出现失绿症状或导致全株叶片干枯脱落，大大缩短了结果期，严重影响作物的产量和质量，在经济上造成一定的损失。

图 5-10 朱砂叶螨

3.形态特征

(1)雌成螨：体长0.4~0.5毫米，体末端圆，呈卵圆形。体色深红色至锈红色（有些甚至为黑色），在身体两侧各有一个长黑斑。背毛12对，刚毛状；无臀毛；腹毛16对。肛门前方有生殖瓣和生殖孔，生殖孔周围有放射状的生殖皱襞。气门沟呈膝状弯曲。

(2)雄成螨：背面观呈菱形，比雌螨小。背毛13对，最后1对是移向背面的肛后毛。阴茎的端锤微小，两侧的突起尖利，长度近等。

(3)卵：圆形，初产时呈乳白色，后期呈乳黄色，孵化前呈微红色，产于叶片或丝网上。

(4)幼螨：体近圆形，浅红色，稍透明，有3对足，取食后体色变暗绿色。

(5)若螨。有4对足，体型与成螨相似，但个体更小。

4.发生规律

从幼苗时期开始危害，5—6月份是叶螨的扩散期，此时，其大量繁殖，危害猖獗，干旱年份更易暴发，危害时期延长。梅雨季节到来后，伴随气温急剧升高、雨水偏多、湿度增大，种群数量会快速下降，之后维持在较低的密度水平，通常不再造成危害。

5.防治方法

叶螨体积小，不易被发现，在苗期要注意检查嫩梢及叶背面，可用放大镜进行观察，以便早发现、早防治。田间发现叶螨危害时，可选用1.8%阿维菌素乳油3 000~5 000倍液、73%炔螨特乳油2 000~3 000倍液、24%螺螨酯悬浮剂1 500~2 000倍液、30%嘧螨酯悬浮剂2 000~4 000倍液、20%丁氟螨酯悬浮剂2 000倍液、20%哒螨灵可湿性粉剂2 000倍液等喷雾，视虫情每隔7~10天喷1次，注意交替混合用药。

四 瓜绢螟

1.分布

瓜绢螟属于鳞翅目草螟科绢螟属。主要危害葫芦科各种瓜类及茄科、豆科等蔬菜。主要寄主包括西瓜、甜瓜、冬瓜、黄瓜、苦瓜、丝瓜、南瓜、西葫芦、栝楼等。该虫在我国各地均有不同程度发生。

2.危害特点

幼龄幼虫先取食瓜类叶片背面的叶肉,使叶片呈灰白斑,3龄后吐丝将叶片或嫩梢缀合,匿居其中取食,致使叶片穿孔或缺刻,严重时可吃光全叶仅存叶脉。在植株生长后期,幼虫常啃食瓜的表皮或蛀入瓜内造成危害,严重影响瓜果的产量和质量(图5-11)。

图5-11 瓜绢螟

3.形态特征

(1)成虫:体长约11毫米,翅展约25毫米,头胸部黑色,触角灰褐色,腹部背面除第5、第6节黑褐色外其余各节均为白色。腹部末端具黄黑色相间的绒毛,前翅白色半透明状,前翅前缘、外缘及后翅外缘有一条黑褐色带。

(2)卵:椭圆形,扁平,淡黄色,表面有网状纹。

(3)幼虫:成熟幼虫体长约 26 毫米,头胸部淡褐色,胸腹部草绿色,头部至腹末出现白色亚背线,随虫龄增长,背线增白加宽,化蛹前消失,气门黑色。

(4)蛹:蛹长约 14 毫米,深褐色,头部光整尖瘦,翅基伸及第 6 腹节,外被薄茧。

4.发生规律

以老熟幼虫或蛹在枯叶或表土越冬，第一代成虫于 4 月中下旬至 5 月中旬出现,幼虫于 4 月下旬始见。第一、二代幼虫很少,对瓜类作物基本上不构成危害。7 月中旬发生第三代幼虫,密度较大。7 月中下旬至 10 月中旬为盛发期,此时世代重迭,危害高峰期在 8—10 月份。喜高湿环境,湿度低于 70%不利于幼虫活动。

5.防治方法

卵孵高峰至 1~3 龄幼虫食量小,对药剂敏感,故一般在成虫产卵高峰期后 4~5 天为防治适期,间隔 5~7 天再用药 1 次,成虫昼伏夜出,因此最佳防治时间是晴天傍晚。防治方法包括使用性诱剂、频振式杀虫灯或黑光灯诱杀成虫,防治药剂可选用短稳杆菌、斜纹夜蛾核型多角体病毒、甜菜夜蛾核型多角体病毒、氯虫苯甲酰胺、高效氯氟氰菊酯、虫螨腈、虫酰肼、茚虫威等药剂。雌虫交配后即可产卵,卵产于叶背或嫩尖上,散生或数粒在一起,卵期 5~8 天,选用可兼杀卵的杀虫剂:氟铃脲、杀虫双、除虫脲、抑食肼、普克猛(45%甲维·虱螨脲水分散粒剂)等,喷于叶片背面。

五 黄守瓜

1.分布

黄守瓜包括黄足黄守瓜和黄足黑守瓜,均属鞘翅目叶甲科守瓜属。在我国各地均有分布,华东、华中、西南、华南地区发生危害较重。寄主植物以葫芦科为主,包括西瓜、甜瓜、南瓜、黄瓜、丝瓜、栝楼等,也可危害茄科、豆科、十字花科蔬菜。

2.危害特点

黄守瓜成虫主要取食瓜苗的叶片、嫩茎及花和幼瓜，常以身体作半径旋转绕圈取食。成虫咬食叶片，在叶片上留下环形或半环形缺刻。这是黄守瓜危害后的典型症状，田间易于识别（图5–12）。该虫常咬断瓜苗的嫩茎，引起死苗。2龄前幼虫危害寄主的细根，3龄以上幼虫取食主根，导致瓜苗枯死，也可蛀入近地面的瓜果皮层，引起果实腐烂。幼虫取食葫芦科植物根或茎基部引起的死苗或瓜藤枯萎症状，类似于枯萎病、青枯病或根腐病，所以遇到此类症状，首先看叶片是否有划圈现象，再扒开根际看是否有黄守瓜幼虫。

图5–12　黄守瓜

3.形态特征

（1）黄足黄守瓜：成虫体近椭圆形，体长7~8毫米，黄色、橙黄色或橙红色，仅复眼、上唇、后胸腹面及腹部腹面为黑色。前胸背板中央有一条横沟，沟中段略向后弯入，呈浅“V”形。卵近椭圆形，长约1毫米，黄色，表面有六角形蜂窝状网纹。幼虫圆筒形，长约12毫米，头部黄褐色，胸腹部黄白色，臀板腹面有肉质突起，上生毛。蛹为裸蛹，近纺锤形，长约9毫米，化蛹初期，蛹体为乳白色或稍带淡黄；羽化前，蛹体为黑褐色。各腹节背面有褐色刚毛，腹部末端有2枚大刺。

(2)黑足黄守瓜:成虫略小于黄足黄守瓜,体椭圆形,鞘翅、复眼和上颚顶端为黑色,其余部分均为橙黄色或橙红色。卵球形,长约0.7毫米,黄色,表面密布六角形细纹。幼虫黄褐色,各节均有明显的瘤突,上生刚毛。蛹灰黄色,头顶、前胸及腹节均有刺毛。

4.发生规律

安徽地区一般一年发生1代,越冬成虫在春季平均温度高于10 ℃开始出蛰。成虫喜食瓜叶和花瓣,以腹部为中心在叶部形成圆形缺刻,还可危害幼苗皮层,咬断嫩茎和食害幼果;5—8月份产卵,6月份产卵最盛,卵产于寄主根际潮湿的土表中;6—8月份为幼虫危害盛期,以7月份危害最重,卵孵化后,幼虫生活在土中,可在土壤表层6~10厘米的深度内活动,水平爬行距离可达1米,低龄幼虫先取食侧根、新生细根或根毛,3龄幼虫钻蛀主根和茎基部,引起整株萎蔫、枯死,幼虫还可转株危害;幼虫发育历时30天左右,在土下10~13厘米深处作土室化蛹,蛹期16~26天,于7月下旬至8月下旬羽化为成虫,再次危害作物。

5.防治方法

根据其产卵于根际土壤的特性,可采用地膜覆盖,阻隔其产卵于土中;根据成虫对黄色有正趋性的特点,可采用黄板进行诱杀。在幼虫发生盛期和成虫发生初期,可采用以下杀虫剂进行防治:2.5%高效氯氟氰菊酯乳油2 000倍液、50%辛硫磷乳油1 000~1 500倍液、2.5%溴氰菊酯乳油3 000倍液、1.8%阿维菌素乳油2 500倍液、48%毒死蜱乳油1 000~2 000倍液、18%杀虫双水剂1 500倍液、20%虫酰肼悬浮剂1 500~3 000倍液等。注意复配用药、交替用药。

六 菱斑食植瓢虫

1.分布

菱斑食植瓢虫属于鞘翅目瓢虫科,在我国主要分布在北京、河北、河南、山东、陕西、安徽、福建、广东、四川、云南等地，主要取食栝楼、龙葵、茄子和瓜类植物。

2.危害特点

以成虫和幼虫取食植物的叶片、嫩茎和果实。在叶片背面取食叶肉，只留下叶脉和上表皮，严重时植株似枯死状(图 5-13)；咬食嫩茎使养分不能正常运送，增加植株染病机会；果实被啃食处常常破裂，组织变僵，导致品质下降。

图 5-13　菱斑食植瓢虫

3.形态特征

(1)成虫：为大型瓢虫，体长 10~11 毫米，背面红褐色，明显拱起，被黄白色绒毛。胸背板上有一黑色横斑，小盾片浅色。每一鞘翅上具 7 个黑斑。

(2)卵：长卵形，两端较尖，聚产成堆竖立在一起。

(3)幼虫：体椭圆形，黄色，体背拱突密生枝刺，每节 6 枚，中、后胸中央两边两枚枝刺连在一起。

(3)蛹：为裸蛹，蛹体黄白色，背面有红褐色斑，羽化时蜕皮及壳从背面中央开裂，包围蛹体的大部分硬化，成为蛹的庇护物。

4.发生规律

菱斑食植瓢虫1年发生2代，以成虫在背阴处的砖缝、墙缝和土缝中越冬。越冬成虫翌年4月下旬开始出来活动危害。第1代发生在5月下旬至7月中旬，第二代发生在8月中旬至9月中旬。该虫在6—8月份以幼虫危害叶下表皮及叶肉，食完全叶后再转移到其他叶片上危害4~5天，全株叶片干枯，仅留蔓枝及生长点，严重者新生长的嫩叶上也爬满幼虫，8—9月份成虫潜食叶上表皮，10月份以后成虫又转移到其他作物上潜食叶上表皮。

5.防治方法

利用成虫的假死习性敲打植株，收集消灭。产卵盛期摘除叶背卵块，此虫产卵集中成群，颜色鲜艳，极易发现，易于摘除。在幼虫未分散期用药，防治效果较好。可用2.5%溴氰菊酯乳油，或2%阿维菌素可湿性粉剂，或10%吡虫啉可湿性粉剂，或阿维菌素+毒死蜱，或高效氯氰菊酯+甲维盐，兑水稀释喷雾，注意叶片正反两面都要喷到。

七 瓜实蝇

1.分布

瓜实蝇俗称针蜂，幼虫称瓜蛆，属于双翅目实蝇科。该虫起源于印度，广泛分布于温带、亚热带和热带地区。在我国主要分布于华南、华东及海南、贵州、云南、四川、湖南、台湾等地。瓜实蝇的寄主有黄瓜、丝瓜、南瓜、栝楼、苦瓜、冬瓜、节瓜、甜瓜、西瓜、瓠瓜等葫芦科作物。

2.危害特点

成虫以产卵管刺入幼瓜表皮内，将卵产于果实内部。卵孵化成幼虫共分为3龄，其中1龄、2龄非常活跃，大量取食果瓤和果肉，将瓜蛀食成蜂窝状(图5-14)。受害瓜先局部变黄，后全瓜腐烂变臭，造成大量落瓜，剖面可见乳白色幼虫。即使瓜果不腐烂，刺伤处凝结流胶，畸形下陷，果皮变硬，瓜味苦涩，严重影响瓜果的品质和产量。老熟幼虫在瓜落前或瓜落后弹跳落地，钻入表土层化蛹。在条件和温度适宜的条件下，蛹羽化为成虫。

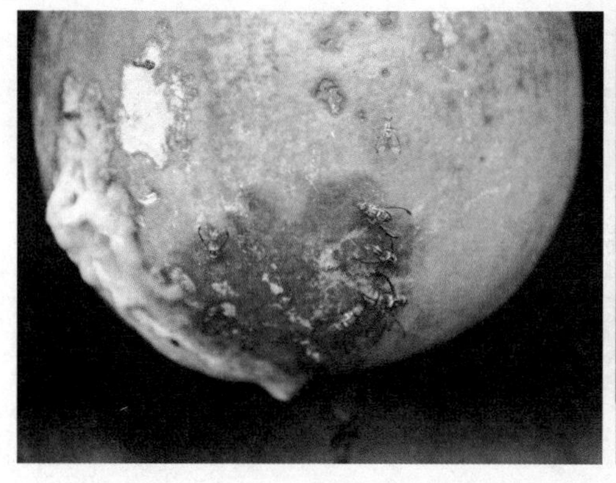
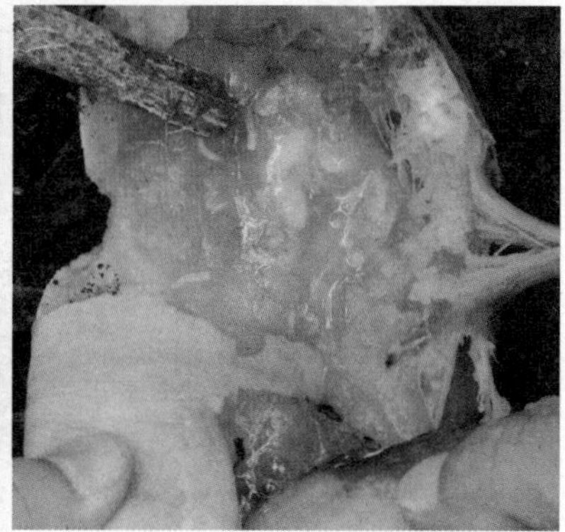

图 5-14　瓜实蝇

3.形态特征

（1）成虫：体形似小型黄蜂，黄褐色至红褐色，长 7~9 毫米，宽 3~4 毫米，翅长 7 毫米，雌虫比雄虫略大。前胸左右及中、后胸有黄色纵纹。翅膜质，透明，有光泽。腹背第一、第二节背板全为淡黄色或棕色，无黑斑带，第三节背板基部有 1 条狭长黑色横纹，第四节起有黑色纵纹。

（2）卵：长约 0.8 毫米，细长形，一端稍尖，呈乳白色。

（3）幼虫：共有 3 龄，体长 9~11 毫米，乳黄色，口钩黑色，蛆状。

（4）蛹：长约 5 毫米，黄褐色，圆筒形。

4.发生规律

在长江流域部分地区一年发生 4~5 代，广东、福建一年发生 6~8 代，世代重叠。以蛹或成虫越冬，次年 4 月份开始活动，5—6 月份数量逐渐增多，7—9 月份为危害盛期，11 月底进入越冬期。成虫白天活动，夏天中午高温烈日时，静伏于瓜棚或叶背，阴雨天和傍晚以后不喜活动。

5.防治方法

利用瓜实蝇成虫嗜食甜质花蜜的习性，用香蕉皮或菠萝皮（煮熟发酵）40 份，90%敌百虫晶体 0.5 份，香精 1 份，加水调成糊状毒饵，挂于棚下，每亩设置20个点以上，进行诱杀。0.02%多曲古霉素饵剂，稀释6~8倍，点喷于叶片背面。落瓜地面可用辛硫磷防治；成虫盛发期，中午或傍晚喷施阿维菌素、毒死蜱、高效氯氰菊酯、甲维盐、溴氰虫酰胺等。

八 瓜藤天牛

1.分布

瓜藤天牛又名黄瓜天牛、南瓜天牛、冬瓜天牛等，属于鞘翅目天牛科。在我国分布于江苏、湖南、福建、广东、台湾等地。该虫的寄主主要为葫芦科植物，包括栝楼、冬瓜、丝瓜、葫芦、南瓜、西瓜等。

2.危害特点

瓜藤天牛成虫于5月上旬开始产卵，靠近山场或有较多杨树林的地块发生较重。卵寄生于寄主的藤蔓表皮裂缝处，在栝楼上以距地面80~120厘米处的主藤蔓为主(图5-15)。瓜藤天牛对栝楼的危害以幼虫最为严重。幼虫蛀食藤蔓常易引起其他害虫及病菌的侵入，危害处藤部膨出，手碰即断。

图5-15　瓜藤天牛

3.形态特征

(1)成虫：体长10~12毫米，圆筒形，红褐至黑褐色。头、胸、足及鞘翅上有不规则的白色小斑点，呈豹纹状。触角11节，为体长的一半。鞘翅上有纵行排列的刻点，鞘末有4个白点和若干小点排成的一条白色曲线，呈横列。

(2)卵：长1.5~2毫米，梭形，一端更尖，初产时为乳白色至淡黄色，后变为淡褐色。

(3)幼虫:老熟幼虫体长13~17毫米,扁长筒形,无足。头褐色,口器黑色,前胸黄褐色,其余乳白色,前胸背板前缘有一褐纹。

(4)蛹。体长11~13毫米,初为淡黄色,后变为深黄色。

4.发生规律

该虫一年发生1~2代,以老熟幼虫10月中下旬在寄主枯藤中越冬。次年3月下旬至4月下旬陆续化蛹羽化,成虫5月上中旬开始产卵,产卵历时2~3个月。前期卵发育的天牛可化蛹羽化,第1代成虫8月上旬始见。后期卵孵化的幼虫始见于9月下旬,老熟后可直接越冬。第1代成虫8月中下旬可产卵,但成虫寿命短,第2代幼虫发育至老熟后越冬。

5.防治方法

少量可人工除虫。卵孵化盛期至低龄幼虫盛期,是防治瓜藤天牛的关键时期。用棉球蘸药液堵虫孔,或使用注射器向虫孔内注入稀释药液,可用8%氯氰菊酯触破式微囊剂300~400倍液,或20%氟虫苯甲酰胺悬浮剂4 000倍液,或22%噻虫·高氯氟悬浮剂4 000倍液,或24%氰氟虫腙悬浮剂750倍液喷雾,或用阿维菌素+毒死蜱兑水将藤蔓均匀喷一遍。

第三节　栝楼草害的防控

一　栝楼园主要杂草类型

不同地区栝楼地杂草的草相不同,种类复杂(图5-16)。禾本科杂草主要有马唐、狗尾草、牛筋草、画眉草、罔草、早熟禾、芦苇等;菊科杂草主要有鳢肠、艾蒿、一年蓬、泥胡菜、豚草、刺儿菜、大蓟、蒲公英、鬼针草、苣荬菜等;十字花科杂草主要有播娘蒿、荠菜、北美独行菜等;旋花科杂草

图 5-16　栝楼草害

主要有牵牛花等；莎草科杂草主要有香附子；石竹科杂草主要有米瓦罐、王不留行、牛繁缕等；藜科杂草主要有藜、灰绿藜等；苋科杂草主要有空心莲子草、反枝苋、凹头苋、刺苋等；车前科杂草主要有婆婆纳；紫草科杂草主要有麦家公；茜草科杂草主要有猪殃殃、茜草等；马齿苋科杂草主要有马齿苋；茄科杂草主要有龙葵、曼陀罗；大戟科杂草主要有铁苋菜、泽漆；木贼科杂草主要有节节草；蓼科杂草主要有萹蓄；锦葵科杂草主要有苘麻；桑科杂草主要有葎草；豆科杂草主要有野豌豆、苜蓿、大巢菜等。

二 防控措施

1.物理除草

物理除草是指采用物理措施，如机械、人工等，致使杂草受伤、受抑或致死的杂草防除方法，是及时消除栝楼园杂草的重要手段。物理措施主要为人工除草、机械除草和覆盖除草。

(1)人工除草。即通过人工拔除、割刈、锄草等措施来有效防治杂草的方法,也是一种最原始、最简便的除草方法。

(2)机械除草。是指人工操作割草机、旋耕机、电耕犁等机械进行除草,机械除草极大减轻了人们的劳动强度。在栝楼园机械除草时一定要注意不能伤及栝楼根及主茎,在栝楼植株根部1平方米内尽量不要使用机械除草,后期可以配合人工除草。机械除草能显著改善土壤通气状况,增强微生物活动,除草较为彻底,且能同时进行培土。

(3)覆盖除草。覆盖除草是利用覆盖物在栝楼树根颈部或园中裸露地面进行物理遮盖,以遮挡阳光,达到除草的目的。覆盖除草除具有控草的功能外,还具有改善土壤物理性质、减少水分蒸发、调节地温等效果。根据覆盖物材质的不同,覆盖除草可分为有机物覆盖和无机物覆盖两种。

有机物覆盖主要是指用秸秆、谷壳、锯末、草木灰、茶树修剪物等有机类材料的覆盖物对栝楼园地面进行覆盖。有机物覆盖作用的主要机制是通过覆盖栝楼园裸露的地面,物理盖压杂草,抑制杂草的生长,使杂草长期得不到光照而黄化死亡。有机物覆盖必须达到一定的覆盖物数量和覆盖时间才能起到良好的控草效果,如常用的稻壳等,厚度要在10厘米以上才具有较好的控草效果。有机物覆盖可以将秸秆、谷壳等农业废弃物进行再利用,取材来源广、费用低、易操作,且有机物腐烂后还可以增加土壤中有机质含量。缺点是覆盖物空隙大,控草不彻底,难以达到统一控草的目的。

无机物覆盖主要是指使用黑色的地膜(图5-17)和园艺地布进行覆盖控草。黑色地膜或地布既可以抑制杂草进行光合作用,也可压制杂草生长,进而有效地除草。尤其是在栝楼根新长出的幼苗或移栽后的小苗上使用,可避免因人工拔草而松动幼苗根系,提高植株的成活率。黑色地膜具有成本低的优势,但易被踩踏破损,导致杂草防控的效果降低,且黑

图 5-17　栝楼地膜覆盖

色地膜在高温时吸收的热量容易烫伤幼小的植株。此外，塑料地膜使用寿命短，风化后难以清理出田园，且在田间难以降解，易对农田及周边环境造成污染。黑色地布除具有黑色地膜的优点之外，还具有不易破损、除草效率更高、不易吸热烫伤幼苗、寿命更长、可降解、污染小等优点，且随着技术的改进及使用时间的延长，其总体所需费用也在逐步降低，是目前栝楼园防控杂草的首选之一。

2.生态防控

生态防控是利用自然界天然动植物进行的控草行为，主要包括间作控草、栝楼园内饲养家禽控草等手段。

间作控草主要是通过密集的种植方式，减少杂草生长的空间，从而达到抑制杂草的作用。在栝楼苗期的行间密集种植有竞争的绿肥作物，使其优先占领栝楼园内裸露土壤，成为优势种群，致使杂草得不到充足的阳光和生存空间，从而抑制杂草的发生程度，还可种植一些耐阴作物，如生姜、黄精等。北方平原地区，可以扩大行距，秋冬种植小麦。通过此类间作，不仅能达到控草的效果，还能达到增产增收的目的。

另外一种常见的控草方式是在栝楼园内放养家禽，如鸡、鸭、鹅等。但放养的家禽不宜过量，否则易造成园内土壤板结，不利于植株的生长。并且在后期病虫害防控喷洒农药时，要将家禽赶出园区，避免对家禽产生伤害。

3.化学防控

化学防控是指使用化学农药进行直接抑制杂草生长或杀死杂草的方法，是最快捷、高效的手段，也是栝楼种植中常用的除草方式之一。但目前尚未有登记在栝楼上使用的农药。通过大量的调查及相关实验，可以使用以下方法进行化学除草：

第一，栝楼园在早春栝楼出苗的前2周内，可用灭生性除草剂和对应不同类型的除草剂进行茎叶除草，以达到将早期杂草铲除的目的。如果禾本科杂草较多，可使用草铵膦+烯草酮，如阔叶草较多，可使用草铵膦+乙羧氟草醚等配方进行除草。

第二，在栝楼出苗前，使用精异丙甲草胺或二甲戊灵进行封闭除草，以达到控草的目的。

第三，在栝楼植株上架后，针对田间草相，可使用定向喷雾进行除草，除草的喷雾器要使用挡板或罩子，以免药液飘移到栝楼植株上。

化学除草剂种类较多，使用时应依据杂草种类加以选择，严格控制用量，选择晴朗、无风的天气，尽量避免在苗期、花期及幼果期使用，注意使用时间间隔。

第六章 栝楼的采收、加工、包装与贮藏

栝楼的采收因采收部位不同，采收时间、采收方式、加工工艺均有差异，栝楼在加工时有以下基本要求：加工场地应清洁、通风，具有遮阳、防雨和防鼠虫及禽畜的设施；初加工机械、器具及仓储应清洁、无污染；加工人员应定期进行健康检查，患有传染病、皮肤病或外伤性疾病等的加工人员不得从事直接接触药材的工作。

第一节 栝楼果实的采收与加工

一 采收

栝楼一般从秋分至霜降可陆续成熟，果皮变软、颜色变黄即可开始采摘（图 6-1）。采摘的果实应保留果梗和一段藤蔓，保留“T”形果梗和藤蔓连接处，方便悬挂成串，便于后期晾晒（图 6-2）。

图 6-1 栝楼果皮变软、颜色变黄之前采摘

图 6-2 采摘的栝楼果实保留"T"形果梗和藤蔓连接处

二 加工

采收的果实一般采用悬挂阴干的方式进行晾干。把采收的果实系成串,系串时保持一定的间隙,不要让果实并排挨近,以防霉烂,同时注意轻拿轻放,避免机械损伤。随后将串好的栝楼果实悬挂于通风避雨处晾干,不可烈日直接暴晒,以免影响瓜蒌品质(图 6-3)。除了自然晾干的方式,现在越来越多的加工厂使用烘干设备,以缩减干制的时间,规避传统晾干

方式造成的品质良莠不齐的问题。

图 6-3 栝楼果实晾干

后续可按照药材销售规格进行精细加工，如切片或切丝等，具体操作方法为：将干燥的栝楼果实，经过筛选→清洗→蒸→压片→切丝→晾晒等工艺过程，加工成约 1 厘米宽条状的瓜蒌丝。

三 品质要求

（1）瓜蒌：果实内部水分基本蒸发，果皮干燥且皱缩，外形完整，颜色变成橘红或杏黄色，糖液黏稠，与种子黏结成团。色泽、气味具焦糖气，味微酸、甜。以瓜身干燥、瓜体浑圆、饱满、外观色泽鲜艳、糖性足、无霉变、无虫蛀者为佳。水分不得超过 16.0%，总灰分不得超过 7.0%。

（2）瓜蒌丝：以颜色正、条均匀、切面整齐，无霉变、无虫蛀者为佳。

第二节 栝楼果皮的采收与加工

一 采收

待栝楼果皮呈金黄色或橙色、手感柔软时采收，一般在10月底至11月初，成熟一批采收一批，整果采收，贴果梗采摘；或悬挂掏瓤采种子后，将剩余果皮悬挂于架上晾晒至干燥。

二 加工

采收后，从果蒂部将果实对半剖开，取出种子和瓜瓤，将果皮晒干或烘干。

后续可按照药材销售规格进行精细加工，具体操作方法为：将干燥的栝楼果皮，经过筛选→清洗→蒸→压片→切丝→晾晒等工艺过程，加工成约1厘米宽、条状的瓜蒌皮丝。

三 品质要求

(1)瓜蒌皮：以干燥、肉厚无瓢、外皮黄褐色、内部白色、无霉变、无虫蛀者为佳。

(2)瓜蒌皮丝：以颜色正、条均匀、切面整齐，无霉变、无虫蛀者为佳。

第三节　栝楼种子的采收与加工

一 采收

待栝楼果皮金黄色或橙色、手感柔软时采收，一般在10月底至11月初，成熟一批采收一批。可整果采收，也可悬挂掏瓤采收。

二 初加工

1.机械化取子

实现机械化取子是推进栝楼综合利用的重要手段，栝楼取子机（图6–4），主要由三个部分组成。瓜子划伤率、损失率、含杂率和皮中含瓤率为栝楼取子装备综合评分考核指标。

图 6–4　机械化取子

（1）破碎。破碎装置主要由破瓜齿辊、挤压辊和箱体构成，破碎装置采用冲击法与压碎法相结合的破碎方式。栝楼整瓜通过喂料斗进入破碎装置后，受到快速旋转的破瓜齿辊的冲击，在接触部位产生作用力，实现了栝楼整瓜的高效破碎。

（2）分离。粗碎后的栝楼即皮、瓤、子混合体经挤压辊挤压后，在实现瓜皮、瓜瓤二次破碎的同时可实现瓜子、瓜瓤与瓜皮的初步分离。在皮瓤分离辊刮板作用下，皮、瓤、子混合物主要受到切向力和轴向力。在切向力作用下，瓜皮上附着的瓜瓤被刮板快速分离，分离后的瓜子和瓜瓤通过皮瓤分离筛网进入子瓤分离装置；在轴向力作用下，分离后的瓜皮被运送至出口，完成瓜皮最终的分离。

（3）清洗。子瓤分离装置为轴流滚筒式结构，主要由分离辊、分离筛网和瓜子出料口三部分组成。工作过程中，在刮板轴向和周向力作用下，瓜瓤被再次破碎细化后通过分离筛网网孔从瓜汁出料口流出；瓜子则被输送至瓜子出料口。

2.晾晒

去除杂质和瘪粒，在通风处晾晒至含水量13%以下。若作为食用瓜蒌子进行后续开发利用，晾晒过程中不可使用高温烘干设备，否则会导致部分风味物质不同程度地丧失（图6-5）。

图6-5　瓜蒌子晾晒

三　深加工——炒制瓜蒌子

市场中瓜蒌子主要作食用，瓜蒌子与其他瓜子有所不同，它不仅味道鲜美、营养丰富，而且油分充足，因而在加工过程中，工艺非常讲究，否则难以达到最佳的食用效果。瓜蒌子主要生产工艺流程为:原料精选→清理设备→炒制→冷却→检测→包装入库。

1.原料精选

精选干燥、饱满的瓜蒌子,过风车,除去灰分和较轻杂质。人工或机械对瓜蒌子进行清理筛选,瓜蒌子按质量要求进行分级,以保证同一批次粒形和饱满度相近。

2.清理设备

在每次加工生产前,均要严格检查和清理加工设备,做到机械运转正常、机体内无任何杂质。加工人员要挑选身体健康者,操作时要身着洁净消毒工作服进入加工车间。

3.炒制

(1)加工量:根据炒制设备情况,每批加工量不等。

(2)温度控制:先用小火预热,中间用中火快速翻炒,后用小火收燥。

4.冷却

瓜蒌子炒好后,薄摊在竹匾内,厚度不超过 1 厘米,摊晾时要不断翻动,使瓜子内的热量尽快散去,一般让瓜子温度在 20 分钟内降到常温。

5.检测、包装入库

为保证瓜蒌子质量,炒制的每一批次瓜蒌子都要进行抽样检测。检测内容主要包括风味、水分、颗粒外形、卫生指标等。经检验合格后方可包装入库,不合格产品须按国家有关规定处理。

四 品质要求

1.感官要求

瓜蒌子外观呈扁平圆形,表面洁净,沿边缘有 1 圈沟纹、籽粒饱满,无虫蛀和霉变现象,具有该产品特有的风味、气味,无杂味和其他异味。

2.理化指标

理化指标见表6–1。

表6－1　理化指标

项目	指标
千粒重/g	≥150
水分/%	≤8
杂质/(克/100克)	≤0.5
不完善粒/%	≤5.0
过氧化值/(克/100克)	≤0.38
酸价/(毫克KOH/克)	≤3.0

3.有害物质限量

有害物质限量见表6–2。

表6－2　有害物质限量

检测项目	检测指标
铅(Pb)/(毫克/千克)	≤0.2
镉(Cd)/(毫克/千克)	≤0.5
黄曲霉毒素 B_1/(微克/千克)	≤5.0

4.农药残留限量

农药残留限量见表6–3。

表6－3　农药残留限量

检测项目	最大残留限量/(毫克/千克)
阿维菌素	0.01
多菌灵	0.01
氯氰菊酯	0.01
敌敌畏	0.01
吡虫啉	0.50

5.微生物限量

微生物限量见表 6–4。

表 6 - 4　微生物限量

检测项目	采样方案及限量			
	n	c	m	M
菌落总数/(CFU/克)	≤400			
大肠菌群/(CFU/克)	5	2	10	10^2
致病菌（沙门菌、志贺菌、金黄色葡萄球菌）	不得检出			
霉菌/(CFU/克)	≤25			

第四节　栝楼根的采收与加工

一　采收

根用栝楼，一般在栝楼生长 2 年后进行采收，多以雄性植株为主。可在冬季植株地上部分枯萎后至春季出苗前，挖取根部，进行清洗和后续加工。栝楼根的药材名称叫天花粉。

二　加工

1.加工前处理

挑选直径大于 2 厘米的栝楼根，去泥洗净，再用刀片或自动化脱皮机械进行刮皮。刮皮时可边刮边用水冲洗，直至露出白肉。

2.切片

切片是天花粉的传统产地初加工的方式，是将直径 2~4 厘米的栝楼根，去除根皮后立即顺条横切成 1~2 厘米厚度的薄片。当栝楼根直径超过 6 厘米时，先纵切成小块，再横切成 1~2 厘米厚度的薄片。

3.干燥

将天花粉平铺在干净光滑的竹匾或晾晒网等非金属的支撑物上，在日光下直晒。阴雨天可以利用热风干燥机进行干燥，温度控制在70~80 ℃。干燥至含水量小于14%。

三 品质要求

天花粉以全干、粉质洁白、无杂质者为佳。水分不得过14%，总灰分不得超过5.0%，二氧化硫残留量不得超过400毫克/千克。

第五节 包装与贮藏

一 食用瓜蒌子的包装、贮存和运输

1.包装和贮存

包装人员要穿工作服、戴工作帽，在包装期间不得随意外出车间。

包装前应再次检查并清除劣质品，按照产品类型的不同，进行标准化的包装，并保留包装记录，包含产品类型、规格、产地、批号、重量、包装日期、有效保质期等。

产品包装结束后均要建立健全台账，登记范围包括产品数量、生产批号、生产日期、加工人员和质检员名单等，待手续齐全后方可入库。

包装后质检员对瓜蒌子进行巡检，发现品质异常、包装漏气要及时纠正，对检验合格的瓜蒌子开具检验合格入库单。

炒制后的瓜蒌子应该按照食品安全要求进行贮存，再按照销售规格进行分装、密封、封袋。仓库管理员凭检验员开具的检验合格入库单办理入库手续，放在绿色食品专用仓库中储存。由于瓜蒌子含油量比较高，炒制后的瓜蒌子在室内常温下保质期一般是6个月时间。如不能尽快销出,需要储存在低温、干燥、避光的环境中(图6–6),有条件的可贮存在冷库中。

图6–6 瓜蒌子的贮藏

2.运输

运输过程中,要禁止与其他有毒、有害、有腐蚀性、易串味物品进行混装运输。运输工具必须要整洁干净、干燥,并具有相应的防潮、防晒、防雨淋等措施(图6–7)。

图6–7 瓜蒌子的运输

二 栝楼药材的包装和贮存

按照产品类型进行分类贮存。

1.瓜蒌

瓜蒌应储存于容器中，放置于干燥通风处，并经常检查。自5月份起，在未发生虫害的情况下，可用60度的白酒以一层瓜蒌（8~10厘米厚）喷洒1遍的做法，逐层喷洒，然后密闭保存。这样既可杀死幼虫，又可以防止成虫飞来排卵。按瓜蒌:酒=100:3的比例用酒即可。药品使用单位则应控制瓜蒌的领取量，一般一次只领取不超过3天的量，并做到清斗后再装新货。切不可新旧重叠，层层积压，以免虫蛀霉变。

2.瓜蒌子

（1）瓜蒌子：置阴凉干燥处，防霉，防蛀。

（2）炒瓜蒌子：密闭，置阴凉干燥处，防霉，防蛀。

3.天花粉

干燥的天花粉药材或饮片，应在货架存放，距离地面及墙壁不少于20厘米。存放于阴凉干燥处，防霉、防蛀、防潮，禁止与有害、易串味、有毒物品一同存放。保持通风、干燥、避光，防鼠、防虫。定期检查储存环境。

可对天花粉药材进行趁鲜加工，加工工艺为：在天花粉药材采收后，趁表皮黏附的土壤湿润之时，洗净泥沙，摊晾2~4小时，趁鲜切制成0.5~5毫米厚的片，干燥至含水量低于14%。将干燥后的天花粉饮片，用聚乙烯塑料袋抽真空包装，并加入抗氧化剂和干燥剂。

第七章 栝楼产业与乡村振兴

随着食用瓜蒌子的普及，栝楼种植效益大幅度上升，种植规模也逐年扩大，产业迅速壮大，已成为我国特色农业经济新的增长点，是一些种植大户和农业企业产业结构调整的首要选择。特别是随着瓜蒌子作为食品原料的合法性被认可，瓜蒌子相关产品的开发将迎来新的机遇，栝楼产业的发展方兴未艾。

第一节 栝楼产业发展存在的主要问题

一、优质资源不足，专用品种不够丰富

目前栝楼栽培品种多为野生型品种驯化选育而来，受资源、育种技术及品种管理政策等多方面的限制，优良品种远不能满足栝楼产业多元化快速发展的需求，而且生产上经过多代无性繁殖栽培后，品种退化严重，产量减少、品质下降、病害发生加重的现象普遍。有些省份栝楼登记的品种很多，但实际在生产上应用的品种不多，甚至有些品种在生产上出现这样或那样的问题，优良品种的选育工作始终是制约产业发展的瓶颈。

二、自然灾害频发

受自然环境变化的影响，自然灾害发生的频率越来越高，最突出的

就是高温干旱、持续阴雨、暴雪等，对栝楼的正常生产造成严重影响，可能引发大面积病虫害发生、倒架甚至植株死亡，是大面积栝楼种植的重大风险。

1.干旱

栝楼实行大田种植，大部分农户对田间供水基础设施不重视，或为了节省成本忽略供水基础设施建设，主要靠自然天气，这就无法在天气干旱时及时保障栝楼的正常生长需水。部分农户在干旱严重时采取应急性大水灌溉，虽然在一段时间内可以解决问题，但这种做法有违栝楼生长兑水分的正常需求规律，甚至可能会因灌溉时间长而伤害其根系。这些都会导致栝楼无法正常生长，最终影响栝楼产量。

2.洪涝

栝楼种植既要防干旱，也要防洪涝。2021 年，不少地区降水量暴增，出现大面积洪涝灾害，受其影响，栝楼的产量少、品质差。以主产区山西为例，正常年份亩产瓜蒌 1 500~2 000 千克，2021 年亩产仅有 750 千克，且品质明显较差。

三 种植技术推广应用严重不足

栝楼产业发展迅速，国家中药材产业技术体系成立了由安徽省农业科学院岗位科学家牵头的栝楼联合攻关小组，系统开展了栝楼的资源搜集、品种选育、绿色生产栽培技术、栝楼药材的贮藏、资源价值开发等研究，并形成了“栝楼绿色高效生产关键技术研究与示范推广”技术成果，但是受栝楼种植区域广泛、种植目标各异、技术示范推广人员不足的影响，加上市场种苗混乱等因素，除品种的推广示范效果比较显著外，在种苗繁育、授粉植株管理、病虫害防控、科学施肥、种植方式等种植技术上仍存在很多问题。特别是近几年栝楼种植效益高，自发种植农户多，缺乏相应的种植技术，有的因品种引用不当或种苗质量差，导致病害频发，病瓜多、产量低；有的因棚架不牢固，田块在台风、暴雨、大雪发生时，出现倒架现象，导致损失较大；有的因雌、雄株搭配管理不合理，出现了授粉不良的现象；有的因瓜农采摘时机把握不准、脱子晒干不及时，直接影响瓜蒌子的品质。以上种种情形都会导致最后不能实现预期效益，影响种植户的积极性和产业的健康发展。

四 病虫害发生严重

栝楼大面积栽培病虫害发生较重，尤其是在降雨量较大的区域。加上栝楼多年连作，炭疽病、流胶枯死病及根结线虫病等已成为栝楼种植中危害最为严重的问题，也是造成栝楼枯死、减产的最重要原因。特别是根腐病、根结线虫病等土传性病害危害严重，传播性强，种植户在引种和选择地块时一定要重视。

五 市场价格波动较大

栝楼相关产品的价格受市场、政策等影响较大，如瓜蒌子自 2009 年的 7~8 元/千克，受市场供求矛盾影响，2010 年骤涨到 18~20 元/千克，2011 年持续上涨到 28~30 元/千克。市场行情的持续上涨，刺激了栝楼种植面积的迅速扩大，2018 年后价格逐渐回落。2020 年国务院办公厅出台了《关于防止耕地“非粮化”稳定粮食生产的意见》（国办发〔2020〕44 号），此后栝楼的新增种植面积逐渐减少，产品价格迎来新高。

栝楼加工企业数量和规模较小，带动力弱，栝楼产销的规模化、组织化、产业化和社会化服务水平不高；缺乏规范运作、利益共享、风险共担型农民专业合作经济组织，现有合作组织多为分散或松散型，成员之间利益连接机制不紧密，风险共担意识不强，企业拓展外部市场能力有限，尚不能适应本地栝楼产业快速发展的需要；瓜蒌子原料基本是以安徽、浙江等地的中间商收购为主，转售给大型中药材加工企业和食品加工企业，由于种植面积的扩大、产量的增加，中间商存在压价收购的现象，导致市场成交价波动幅度较大，种植户收入不稳定，加之缺乏自有营销团队和稳定的销售市场，产销脱节，造成栝楼种植效益年度之间、农户之间相差较大，在一定程度上影响了栝楼产业的健康发展。

六 栝楼开发利用不足

从事栝楼深加工产品开发的研究机构、企业数量有限，导致栝楼开发利用不足。事实上，栝楼除食用、药用外，还可以加工成美容、保健等产品，或开发色素、淀粉、蛋白等深加工产品，开发利用前景广阔。

第二节 栝楼产业发展应对策略

影响栝楼产业发展的因素很多，针对栝楼产业发展中存在的问题，提出以下建议。

一 加强政府的组织引导与政策扶持

大力发展栝楼产业是推动实现乡村振兴的好举措，政府的重视和组织引导对于产业的健康发展是非常重要的。政府引导各地有序开展栝楼种植、加工和销售，一二三产融合发展。可以组建专业化的土壤整理、搭架、飞机防治病虫害等社会化服务队，提供专业化、社会化生产服务，提高劳动生产力，降低种植成本；统一建立栝楼优质种苗繁育中心，从源头上保障品种纯正与种苗质量；建立标准化生产示范基地，组织技术培训指导，带动种植户采用多种生态模式的规范化种植，让广大栝楼种植户转变为栝楼产业新型技术农民；加大对栝楼生产基地基础设施建设的支持力度，提高抗风险能力；加强地方品牌、电商平台建设，注重龙头企业培育，鼓励龙头企业同科研院所开展产学研推深度合作，为地方栝楼产业的可持续发展保驾护航。

二 加强基础设施建设

完善生产设施的基础建设，如田间的沟渠路、灌溉井、加工厂、冷藏库、晾晒场、烘干房等，同时还要通过引入先进的设施、设备，如肥水一体化系统、物联网系统、配套农机设备等，提升种植管理的科学水平，提高抗自然风险能力，保障产业的稳定发展。

三 加强产学研合作和科技成果的示范推广

加强产学研合作，开展栝楼种质资源的搜集保存、专用型品种选育、规范化种植技术标准制定、产品研发等系统研究，形成科技成果，为产业的发展提供坚实的技术支撑。同时，还要加强科技成果的推广应用，借助科技特派团、科技特派员、服务"三农"活动等平台机会，通过线上线下技术培训、现场指导、明白纸发放、聘请技术专家等多种形式，实现科技成果的快速转化。

四 探索立体种养、产品研发、文旅结合，提高综合效益

发挥栝楼产业联合体和龙头企业的作用，推动栝楼深加工和新产品研发及文化旅游，促进一、二、三产融合，提高产业综合效益。开展立体生态种养模式的研究与应用推广，充分利用栝楼棚架下的空间，开展立体种养。在现有乡镇电商综合平台基础上，鼓励龙头企业加快自身电商平台建设，打造企业店铺、栝楼系列产品展览厅等。利用全国休闲农业与乡村旅游示范县平台，举办栝楼产业节庆活动。大力发展休闲农业产业，通过栝楼生态观光园等项目建设，实现一、二、三产融合，将栝楼等特色产业发展与乡村振兴相结合，拓展产业渠道，建设现代栝楼种植、休闲、采

摘、旅游、观光等园地。

五 打造地方特色品牌

在提高栝楼品质上下功夫，根据地方特点，选取最适宜的优良品种，做强做大，申报地理标志保护产品，实施“统一品牌、统一标准、统一包装、统一销售”战略，打造地方品牌，形成地方特产和特色。